DRONE

「ドローン」がわかる本

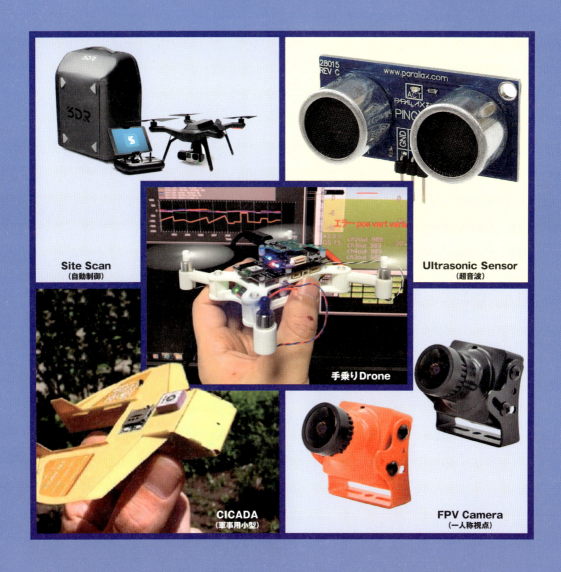

Site Scan
（自動制御）

Ultrasonic Sensor
（超音波）

手乗りDrone

CICADA
（軍事用小型）

FPV Camera
（一人称視点）

はじめに

　「マルチコプター」が「ドローン」と呼ばれ、世に知れ渡ってから数年が経ちました。

　日本では当初、ドローンは「危険なもの」というイメージが付きまとっていました。
しかし、最近では「ドローン」を取り巻く環境が大きく変わりつつあり、その認識
も変化しています。

　「空撮」などのこれまでの用途はもちろん、「産業」や「軍事」の分野で「ドローン」
の本格的な利用がはじまり、「レース」などのスポーツ競技も開催されるようになり
ました。
　また、法整備によって細かい規制が設けられるなど、「セキュリティ」の面からも、
「ドローン」の使い方を考えるようになりました。

　政府も、2020年の東京オリンピックで、ドローンを自由に飛ばす準備を進めてい
るなど、活用の舞台が着々と整ってきています。

*

　本書では、「ドローン」の技術や定義の基本知識や、どのような場面で使われるよ
うになってきたかという最新事情などを解説しています。

　また、好きなところで自由に飛ばすことができる「手乗りドローン」の工作につい
ても紹介しています。

　この本で身につけた知識が、これから「ドローン」に触れていく上での一助になれば
幸いです。

I/O 編集部

※ 本書は、月刊「I/O」に掲載された記事を再構成して加筆修正し、ドローンの基本
情報や活用事例、小型ドローンの製作など、最新情報をまとめたものです。

「ドローン」がわかる本

CONTENTS

第1章

「ドローン」の基礎

「ドローン」は非常に有用な技術で、その利用法は多岐に渡ります。

本章では、まず「ドローン」がどういったものなのか、その概要と活用事例、さらに「ドローン」のもつ危険性と注意点について、最新の「ドローン」関連の事件や関連法を中心に説明します。

勝田　有一朗
御池　鮎樹

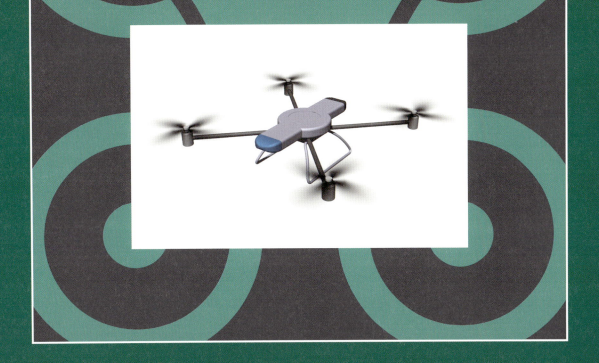

1.1　「ドローン」とは

■ 広く認知された「ドローン」

　私たち一般人の間に「ドローン」という言葉が聞かれるようになり、高性能な「ドローン」が簡単に入手できるようになって、4〜5年になると思います。

　日本で、世間一般に「ドローン」の存在を広く世に知らしめたのは、2015年4月の「首相官邸ドローン落下事件」でした。そのため、ネガティブな印象をもつ人も少なくないと思います。

　その一方で、「ドローン」が各所で有効活用されるようになり、「役立つ存在」として広く認知されてきているのではないか、とも感じています。

　以降では、「ドローン」についてのこれまでや、さまざまな活用のされ方、そして「ドローン」が活躍する未来の姿について、知っておきましょう。

■「無人航空機」の総称

　まず、「ドローン」とはどういうものを指すのか、基本的な部分から見ていきましょう。

＊

　「ドローン」は遠隔操作、または自律自動で動作する、「無人航空機」全般の総称です。

　英語の「drone」は「無人機」「オス蜂」といった意味をもち、航空機以外の無人機、たとえば「水中用ドローン」といった使い方もされます。

　多くの人が「ドローン」と聞いて、真っ先に思い浮かべるイメージとしては、「複数（4枚以上）のプロペラを搭載した小型航空機」があると思います。

　これは「マルチコプター」と呼ばれる航空機の一種で、安定した飛行ができることから広く用いられ、「ドローン」の代表的存在になっています。

「ドローン」と言えばこのスタイル「マルチコプター」

あくまでも「マルチコプター」は「ドローン」の一種であり、通常の「回転翼機」（ヘリコプター）や「固定翼機」（飛行機）も、無人で飛行するのであれば「ドローン」になります。

「固定翼機のドローン」として有名なのは、軍事目的で使われる「無人偵察機」や「無人攻撃機」の類ではないでしょうか。

ヘリコプター型の「ドローン」

■「ラジコンヘリ」や「飛行機」との違い

「ドローン」が一般的に普及するまで、小型の「無人航空機」としては、無線で操縦する「ラジコンヘリ」や「飛行機」がありました。
これらも「ドローン」と同じ「無人航空機」なのですが、通常は「ドローン」とは区別して考えられます。

一般的に「ドローン」は、無人の上に、操縦なしでも飛行状態を維持できる「自動操縦機能」を備えているものと考えられており、この部分で、「ラジコンヘリ」「飛行機」と「ドローン」を区別しています。

■ 航空法で定められる「ドローン」の定義

以上のような、一般的な「ドローン」の定義のほかに、「航空法で定められるドローン」の定義があります。
先に触れた「首相官邸ドローン墜落事件」などを受け、2015年12月には改正航空法が成立し、「ドローン」に関する法整備が行なわれました。

ここで、法律上における「ドローン」が定義されています。

それによると、

> 飛行機、回転翼航空機、滑空機、飛行船であって、構造上人が乗ることができないもののうち、遠隔操作又は自動操縦により飛行させることができるもの（200g 未満の重量（機体本体の重量とバッテリの重量の合計）のものを除く）

を、「無人航空機」と定義しています。

そして、「ドローン」もこの「無人航空機」の1つとして、航空法の適用を受けます。

また、200g 未満の「ドローン」（いわゆる「トイ・ドローン」）は「模型航空機」に分類されます。
「無人航空機」向けの航空法の適用外となるため、飛ばすのに特別な許可なども必要ありません。
よって、入門向けの「ドローン」として、「200g 未満」の製品が人気を集めています。

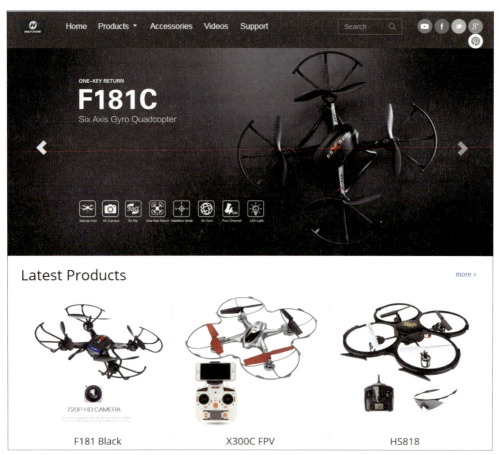

安価で高機能な「トイ・ドローン」を販売する Holy Stone 社
http://www.holystone.com/

1.2 「ドローン」に関する法規制

■ あまり知られていない「ドローン」の法規制

航空法の話が出てきたところで、「ドローン」に関する法規制について触れておきましょう。

＊

2015年、悪い意味で「ドローン」の知名度が上がった際に、「一刻も早い法規制を」との声が多く上がりました。

それは、安全上当然の措置であると同時に、規制内容によっては「ドローン」の未来が閉ざされてしまうのではないか、という不安の部分もありました。

そして2015年12月には改正航空法が成立したのですが、その内容について詳しくは知らない人も多いのではないでしょうか。

■ 免許制度ではない

まず、「ドローン」に免許制度はありません。

小型の「トイ・ドローン」だけでなく、業務で用いられるような大型の「空撮ドローン」であっても、基本的に誰でも自由に飛ばすことができます。

ただし、「200gを超えるドローン」に関しては、航空法でさまざまなルールが定められており、そのルールを破ると違法となってしまいます。

■「ドローン」を飛ばせる場所

航空法における、「ドローン」の最も重要な規制のひとつが、「飛行禁止空域」です。
航空法によると、次の空域での「ドローン」の飛行は禁止されています。

・「空港」などの周辺の空域
・地表または水面から「150m以上の高さ」の空域
・国勢調査の結果による「人口集中地区」の上空

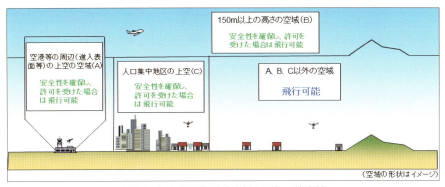

「ドローン」の飛行禁止空域と飛行可能空域
（国土交通省Webサイト「無人航空機（ドローン・ラジコン機等）の飛行ルール」より）

　つまり、人口密集地以外で空港から離れている場所が、「ドローン」の飛行可能空域となります。

　ただ、「ドローン」の飛行可能空域であっても、飛行する際は次のルールを守らなければいけません。

---

① 飛行は「日中」のみ

② 目視範囲内で、「無人航空機」と「その周囲」を常時監視する

③ 人、または物件との間に「30m以上の距離」を保つ

④ 祭礼、縁日など、「多数の人が集まる催し」の上空では飛行させない

⑤ 爆発物など「危険物を輸送」しない

⑥ 無人航空機から「物を投下」しない

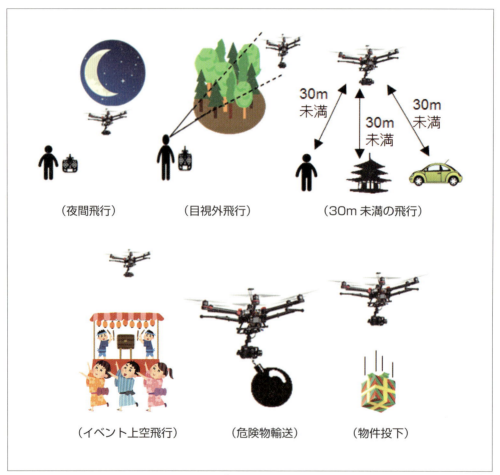

（夜間飛行）　　　（目視外飛行）　　　（30m未満の飛行）

（イベント上空飛行）　　　（危険物輸送）　　　（物件投下）

守らなければならないルールも多い

（国土交通省Webサイト「無人航空機（「ドローン」・ラジコン機等）の飛行ルール」より）

　これらのルールを合わせると、「ドローン」を飛ばすことのできる場所は、かなり限られることになります。

■ 国土交通大臣の許可

以上の飛行禁止空域やルールによらず、「ドローン」を飛ばしたい場合は、事前に国土交通省の許可を受ける必要があります（都度、申請の必要がない「包括許可」もある）。

許可申請のためには、一定以上の「ドローン」操縦技能、「ドローン」や無線に関する知識、航空法への理解が必要となり、誰でもすぐに許可を得られるわけではありません。

■「ドローン」講習

そこで、国土交通大臣の許可を得るのに必要な「ドローン」の操縦技術や知識を習得できる、「ドローン」の講習団体が全国に登場してきています。

国土交通省の認可する講習団体での講習を修了した人は、許可申請時の技能や知識に関する項目を省略し、スムーズに許可が得られるようになります。

＊

このように法規制によって、どこでも自由に「ドローン」を飛ばせるわけではなくなりました。

しかし、許可申請や「ドローン」講習など、安全に「ドローン」を飛ばすための道筋が示されることで、以前にも増して活躍の場が広がっているのではないかと考えます。

---

column 「人口集中地区」の調べ方

「ドローン」が飛行できない場所として定められている「人口集中地区」ですが、実は簡単に調べる方法があります。

それは、国土地理院の「地理院地図」を利用することです。

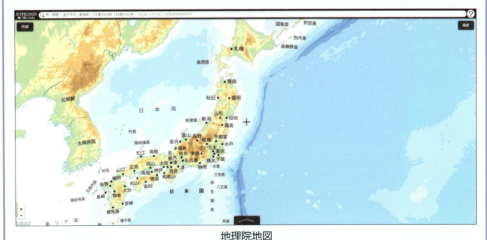

地理院地図
http://maps.gsi.go.jp/

　このページの左上にある「情報」から、「全て」タブ→「他機関の情報」→「人口集中地区」を選択することで、「人口集中地区」が赤色で表示されます。

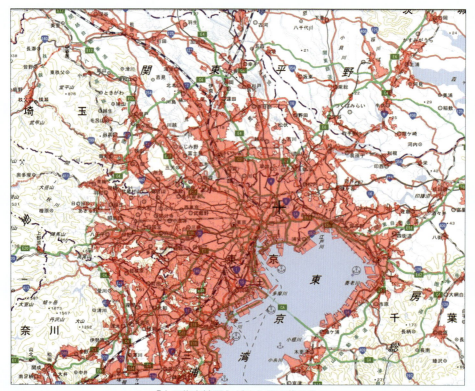

「人口集中地区」がひと目で分かる

　これで大まかにドローンを飛ばせる場所は分かりますが、先述した他の条件なども加わると、実際にはもう少し制限があるため、あくまでも目安として利用するといいでしょう。

column 「ドローン」の危険性

● 犯罪に利用される可能性

　2015年7月、米国の大学生がYouTubeに衝撃的な動画をアップロードしました。

　「Flying Gun」と名付けられたその動画は、市販の「ドローン」に拳銃を取り付けて、遠隔操作で実際に発砲する様子を撮影したものでした。

　ちなみにこの大学生は、高度な専門家ではなく、ただの一般学生です。

　つまり、一般学生でも、多少の知識とスキルがあればこのようなドローンを自作できるわけです。

　これは、上空から標的に近づいて撃ち殺し、手の届かない上空に飛び去るという、熟練暗殺者ですら困難な行為が、「ドローン」を使えば簡単にできてしまうということの証明でもあり、世界中に衝撃を与えました。

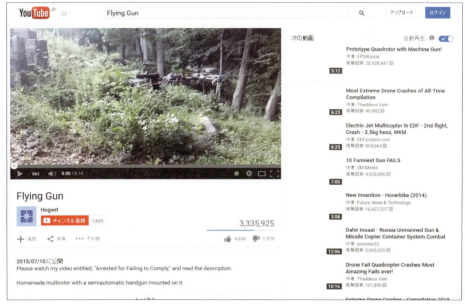

YouTubeに投稿された「銃搭載ドローン」の動画

　さらに、「ドローン」は軽量であれば物を運べます。

　高価格帯には数kgの積載が可能な製品もあり、米国では、麻薬の密輸に「ドローン」が利用されている例もあります。

　もし数kgの危険物が運ばれるなどの事態になれば、その脅威ははかり知れません。

　それ以外にも、「ドローン」は盗撮やストーキングにも利用できてしまうツールで、米国ではすでにこの種の被害も出ています。

● **悪意がなくてもドローンは墜ちる**

　利用者に悪意がなくても、「ドローン」には危険があります。それは「墜落」です。

　一般に市販されている「ドローン」のほとんどは、コントローラを使って無線で操縦します。

　機種によって操作可能な距離は異なりますが、操作ミスや風に流されて操縦者の想定以上に距離が離れると、「ドローン」は制御不能になってしまいます。

　また、無線電波が実際に届く範囲は、周囲の電波状況や天候などによって大きく左右されます。

　周囲の電波状況が悪かったり、強い妨害電波が生じたりすると、操作可能範囲内でも「ドローン」は制御不能になることがあります。

　さらに、「バッテリ切れ」の問題もあります。

　「バッテリ」は消耗品で、徐々に劣化していきます。

　ですが、「バッテリ」の劣化は目に見えないため、購入直後の同様の感覚で操縦していると、飛行中に切れてしまうこともあるのです。

　同様に、「モータ」や「アンプ」の故障も、しばしばあるトラブルです。

　安価な製品の中には、品質の悪いパーツを使っているものがあり、この種の製品は飛行中に壊れてしまうことが少なくありません。

　また、品質に問題なくても、定期交換などのメンテナンスを怠れば、やはり飛行中に故障する可能性が高まります。

● **墜落したドローンは「凶器」**

　周囲の電波状況や風、バッテリやパーツの劣化は、目に見えません。

　ですから、ユーザーがどれほど気を付けていても、「ドローン」が制御不能になる可能性は常に存在し、制御不能になった「ドローン」は墜落してしまいます。

　そして、墜落する「ドローン」は、凶器とも言えるものです。

　安価な「ドローン」は100g前後の軽量な機種が多いですが、100gと言えば携帯電話やスマートフォンと同程度の重量です。

　携帯電話やスマートフォンが数十m、つまり10階建てビル相当の高さから落ちてくると考えれば、たかが100gでも危険がないとは言えません。

　ましてや、10万円前後の本格的な機種ともなると、その重量は1kgを超えます。

　1kgと言えばビールの大瓶に近い重さで、この種の「ドローン」が墜落すれば、死人が出る可能性すらあります。

10万円クラスの「ドローン」の重量は、1kgを超える

1.3 「ドローン」の活躍する分野

　ではここで、「ドローン」がどういった分野で活躍しているのか、いくつか紹介していきます。

> ※ 一部の内容については、この後の章で改めて解説します。

■ ホビー

　単純に飛ばして楽しく、簡単に空撮映像を撮影できる「ドローン」はホビー分野で大人気です。
　特に「ドローン」の小型高機能化は目覚しく、200g未満でも「本格ドローン」と遜色ない機能を備えた「トイ・ドローン」が人気を集めています。

■ スポーツ

　「ドローン」を用いたスポーツ競技「ドローン・レース」が、日本を含めた世界各地で開催されています。
　昨年はドバイで開催された賞金総額100万ドルの「ドローン」世界大会に、15歳の少年が優勝したとして話題になりました。

　また、日本国内でも北海道や長崎で「ドローン・レース」が開かれています。

日本国内でも大きなイベントとなっている「ドローン・レース」
（JDRA ホームページより）

■ 物流

　「ドローン」が期待される分野のひとつが「物流」、特に配送の分野です。

　2013 年に Amazon がドローン配送「Prime Air」計画を立ち上げましたが、2016 年末にイギリスで初めての試験配送に成功したと発表しています。

「ドローン」で、玄関先まで商品を配送する「Amazon Prime Air」

　国内においてもその動きは活発で、政府が発表した「日本再興戦略 2017」に、2020 年には都市部での「ドローン配送」の実現を目指す旨が記載されました。

　昨今話題になっている、配送業者の人手不足を解消する手段として期待が高まりますが、国内の住宅事情を鑑みると、超えなければならない技術的ハードルはとても高そうです。

■ 農林業

農林業においては、以前から農薬散布などで「ドローン」（ラジコンヘリ）が用いられることがありました。

さらに「ドローン」の高性能化にともなって、より活用していこうという機運も高まっており、参入企業も増えてきています。

農薬を散布する「ドローン」
（エンルート社のリリースより）

■ 土木建築業

建築現場での測量や、インフラ点検作業などにおいて、自由に飛行できる「ドローン」の活躍の場が広がっています。

従来であれば人手を用い、時には危険がともなっていたような作業を「ドローン」が肩代わりすることで、安全性向上、工期短縮、人件費節約につながると期待されます。

「ドローン」を建築に生かすための技術開発を行なう団体も立ち上がっている
http://jada2017.org/

■ 報道

テレビ番組で、「ドローン」の空撮映像を多く見掛けるようになりました。

地震や大雨による災害の全貌を詳細に伝える生々しい映像も、記憶に新しいと思います。

近年の「高機能ドローン」を最も早く商業活用した分野が、「報道」だと言えるかもしれません。

■ 軍事

良くも悪くも、これまでもこれからも、「ドローン」が大きく活躍する場として「軍事」が挙げられます。

「キラー・ドローン」とも呼ばれる「軍事用ドローン」は、世界各国の軍事研究機関で開発が続けられています。

「軍事用ドローン」には、このような偵察用の小型サイズのものも存在し、実際の作戦に利用されている
(Wikipedia：Black_Hornet_Nano より)

また、安価で高機能になった「民生ドローン」が兵器に転用される恐れも出てきています。

中国の大手ドローン・メーカー「DJI」は、テロ組織「ISIS」に「ドローン」を悪用されるのを防ぐため、その活動拠点であるシリアやイラク周辺を飛行禁止にするソフト更新を行ないました。

しかし、これが人道支援にも影響が出るという意見もあり、波紋が広がっています。

1.4 「ドローン前提社会」の到来

■「ドローン」がインターネットやスマホのように

以上のように、「ドローン」の活躍の場は広がり続けています。

いずれは、「ドローン」が当たり前のように空を飛び交い、物流や監視の面で社会を支え、ちょうど現在のインターネットやスマホのように「ドローン」が生活になくてはならない存在になる、「ドローン前提社会」が到来するとの声も挙がっています。

その実現に向けて、大学や民間企業が連携して研究を行なう「慶應義塾大学SFC研究所ドローン社会共創コンソーシアム」が立ち上げられたり、「ドローン」産業に参入する企業をバックアップする「ドローンファンド」が設立されるなど、「ドローン前提社会」に向けて着実に歩みを進めています。

慶應義塾大学SFC研究所ドローン社会共創コンソーシアム
http://drone.sfc.keio.ac.jp/

その大きな節目となるのは、2020年東京オリンピックの年でしょう。
2020年に日本の空で「ドローン」が大活躍しているのか、楽しみなところです。

column 世間を賑わしたドローン事件

　「ドローン」は非常に有用な技術で、今後ますます活躍の場が増えていくでしょう。

　ですが、先述した通り、個人ユーザーでも「安価なドローン」が簡単に入手可能になったことで、「ドローン」はさまざまな事件を引き起こしています。

　次に、「ドローン」という存在の危険性を世に知らしめた関連事件を、いくつか紹介します。

● 首相官邸ドローン事件

　日本で「ドローン」という存在が有名になるきっかけとなった事件です。

　2015年4月に起きました。

　この事件の概要は、4月22日に、首相官邸屋上で、「ドローン」が落下しているのが発見された、と言うものです。

　見つかった「ドローン」には「放射能マーク」のシールが貼られた液体入りの容器と発煙筒が取り付けられており、実際に容器からは自然界に存在しない微量の放射性物質が検出されました。

　このため、この事件は非常に大きくメディアなどで報道されました。

　幸いにも、数日後には元自衛官の男が自首したため、この事件はすぐに収束しました。

　ですが、犯人が動機を「反原発を訴えるため」、容器内に「福島の砂」を入れたと主張したこと以上に、「ドローン」という一般の人々にとってあまり馴染みがない機械を利用した犯罪であったこと、さらに、「ドローン」に対する法規制が存在せず、事実上野放しであったことが、世間に衝撃を与えました。

首相官邸へのドローン落下が、ドローンを一気に有名にした

●"ドローン少年" 逮捕事件

「首相官邸ドローン事件」をきっかけに、「ドローン」の存在は一般の人々にも広く知られるようになりました。

ですが、「ドローン」の名が次に世間を騒がせたのも、残念ながら事件絡みでした。

それが、2015年5月の「ドローン少年逮捕事件」です。

この事件で逮捕された15歳の少年は、複数の動画サイトでライブ配信を行なっていた、一部ではかなり有名な人物でした。

少年が逮捕された直接の原因は、5月14日にネット上で、「東京浅草の三社祭でドローンを飛ばす」という予告を書き込んだことです。

これが祭を妨害したとの「威力業務妨害容疑」で、少年は逮捕されました。

ですが、この少年は、5月初旬に東本願寺（京都府）や姫路城（兵庫県）、国会議事堂などの周辺で、相次いで「ドローン」を飛ばして警察から注意を受け、また5月中旬には善光寺（長野県）の法要行列に「ドローン」を墜落させて警察から指導を受けていました。

つまり、「ドローン」で世間を騒がせる常習犯だったわけですが、当時は「ドローン」に関する法規制が皆無でした。

そのため、常習犯とはいえ少年の逮捕はかなりの議論を呼び、結局、保護観察処分となりました。

ちなみに、少年は動画サイトのポイント制度やファンからの寄付を原資に、「ドローンその他の機材」を購入しており、彼が執拗に「ドローン」で世間を騒がせた理由は、自サイトの人気を保つためだったようです。

「ドローン少年」が逮捕された、東京浅草の三社祭

● 姫路城ドローン事件

　2015 年 9 月には、世界遺産の姫路城（兵庫県）の大天守に、何者かが「ドローン」を衝突させて傷を付けた事件が起きています。

　この事件を目撃した警備員によると、「ドローン」は 19 日早朝、南から飛行してきて大天守にぶつかりました。

　なお、ぶつかった「ドローン」は大天守屋根に小さな傷を付けて墜落。警察に押収されました。

　この事件は、翌 20 日にドローンの持ち主の男性が警察に出頭したことで、スピード解決となりました。

　警察から任意聴取を受けた男性は、「ドローンは雑誌投稿用の写真撮影のために飛ばした」「途中でコントロールを失って行方不明になった」と語っており、事故だったようです。

　この男性は、文化財保護法違反容疑で書類送検され、最終的には不起訴（起訴猶予）処分となっています。

国宝であり世界遺産でもある「姫路城」も、「ドローン事件」の被害に遭った

● 無許可飛行容疑による初の逮捕者

2017年3月に、福岡で起こった事件です。

概要としては、拾得物として届けられた「ドローン」に入っていたmicroSDカードのデータに、飛行禁止区域で撮影した動画があり、後日、遺失物届けを出した持ち主の男性に任意で聴取したというものです。

撮影が確認された飛行禁止区域は、海沿いの工業地区で、撮影者の姿もデータに残っていた

国土交通相の許可を受けずに、ドローンを禁止区域で飛ばしたことによる事件は、それまでに幾度となく起こっており、珍しいものではなくなっていました。

しかし、持ち主の男性は、一度は任意聴取に応じたものの、その後は出頭しなかったため、「航空法違反」の疑いで逮捕されることになります。

結果として、全国で初の「無許可飛行容疑による逮捕者」を出す事件になりました。

勝田　有一朗（かつだ・ゆういちろう）

1977年、大阪府生まれ。
「月刊I/O」や「Computer Fan」の投稿からライターを始め、現在に至る。
現在も大阪府在住。

御池　鮎樹（みいけ・あゆき）

関西出身のフリーライター。
パソコン関係を中心に、音楽・歴史などのジャンルに手を広げている。
主な著書に、「「サイバー危機（クライシス）」の記録」「裏口からの作曲入門」（以上、工学社刊）など。
【Column部分を解説】

第2章

「ドローン」の技術

　「ドローン」は、「フレーム」や「プロペラ」「モータ」「センサ」など、多様な部品を組み合わせて出来ています。

　また、空中での姿勢制御や移動をとっても、実にさまざまな技術を用いています

　本章では、「ドローン」がどのような仕組みで動いているのか簡単に説明し、どのような部品で「ドローン」が構成されているのかを紹介します。

今井　大介
nekosan

「ドローン」と一口に言っても、時と場合によって同じものを指しているとは限りません。

本来「ドローン」とは、コンピュータによる自動航行をする「無人飛行機」を指します。

したがって、形状としては「RC ヘリコプター」や「固定翼」、そしてみなさんが想像する複数のプロペラをもつ「マルチコプター」まで、すべての形状がドローンに含まれます。

*

本節では、基本的には特に説明のない場合は、「電動マルチコプター」について説明を進めていきます。

■ 入手しやすいドローン

● トイ・ドローン

最近では家電量販店や玩具店で、数千円程度でドローンを手に入れることもできます。

これらのドローンのことを筆者は「トイ・ドローン」と呼んでいます。

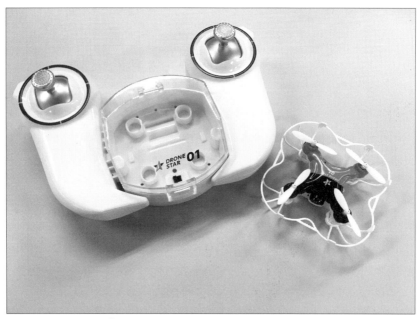

「トイ・ドローン」はドローンの入門に最適

最近では「トイ・ドローン」も多様化、高機能化してきており、「気圧センサ」による高度維持機能や、2.4GHz の Wi-Fi を利用した「リアルタイムでの映像転送」などの機能をもつものもあります。

　ただし、このクラスのドローンは、基本的には「専用コントローラ」や「スマホの
アプリ」で人間が操作する、「ラジコン型マルチコプター」となります。

●レーサー・ドローン

　「ドローン・レース」用の機体で、多くの場合、「トイ・ドローン」とは違い、機体の
組み上げは利用者が行ない、「コントローラ」となる「プロポ」も、自分で別途用意
する必要があります。
　部品から利用者が厳選し、また機体の制御を行なう「フライト・コントローラ」で、
自分好みの制御の設定ができるのが特徴です。

　かつて「レーサー・ドローン」は、「20cm」以上のものが主流でした。
　しかし、最近は、「U199」と言われるような、「200g」の規制以下に収まるサイズ
で組む「レーサー」も人気ジャンルとなっています。

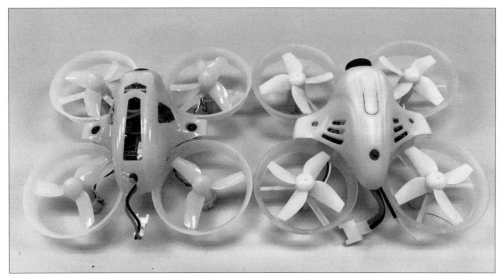

「U199」よりさらに小さい、「TinyWhoop」というクラスも人気

●空撮用ドローン

　DJI 社の「Phantom」シリーズや「Inspire」シリーズなどに代表される、映像撮
影用のカメラを搭載した「ドローン」です。
　「GPS」などを利用し、高度な機体安定制御を行ない、カメラのコントロールもで
きるなどの特徴があります。

　高度数 10 ～ 100m を超える高さから 4K カメラで撮影される映像は、とてもキレ
イなものです。

空撮用に用意された機体

　「空撮用ドローン」の中でも、手のひらサイズで持ち歩きがしやすく、近くから人を撮影するためのドローンを「セルフィ・ドローン」と呼ぶこともあります。

　人の動きを自動追尾したり、ジェスチャで撮影などができるなど、まるで魔法を使うようにドローンをコントロールできる機体もあります。

手のひらで操る「DJI Spark」

● 業務用ドローン

　ドローンは、「農業」「物流」「インフラ検査」など、多様な業務での活用が期待されています。

　それらの「業務用ドローン」は、業務に必要な荷物を運ぶ必要があるため、それに耐える「可搬重量」（ペイロード）を稼ぐために、「1m」を超える大型のものも多いです。

　「業務用ドローン」は、「GNSS」（Global Navigation Satellite System：一般に「GPS」と呼ばれるものの総称）や「各種センサ」を用いた「自動航行」による運行が期待されいます。
　そのため、「自律制御」という意味では本来的なドローンの意味に最もふさわしいものとなっています。

2.2　飛ぶ仕組み

　「ドローン」が飛ぶための「揚力」は、複数のモータに付けられた「プロペラ」が回ることで生み出されます。

■ 複数のプロペラを利用する

● ドローンの揚力の制御

　ドローンの前に、「ヘリコプター」のプロペラの話を少しします。

　「ヘリコプター」のプロペラは「可変ピッチロータ」と呼ばれ、羽の傾きをコントロールできるようになっています。
　羽を水平にした状態で回転させ、「揚力」を得たいときには羽の角度を付けて「揚力」を得ます。

　この羽の角度や回転面を変化させることで、上下前後左右の移動を実現しています。
　「ヘリコプター」では、「ローター」の回転数は、ほぼ一定のままですみます。

＊

　ドローンは、「ヘリ」とは違い、角度の固定された複数のプロペラを利用し、回転数を変化させることで「揚力」をコントロールします。
　速く回転させると「揚力」が得られ、回転を落とすと「揚力」が弱くなる、という仕組みです。

　「固定ピッチ」で「回転数」のコントロールだけすればいいことから、「ヘリコプター」のプロペラなどに比べて、構造も制御も非常にシンプルなのがメリットとなっています。

●「作用」と「反作用」

学校で習った「作用・反作用の法則」を覚えているでしょうか。

何かに力を及ぼそうとすると、逆に力を受けてしまうという法則です。

重たいものを押そうとしたら、自分の身体のほうが動いてしまう、そんなシーンを想像すると分かりやすいでしょう。

＊

この法則が、モータでプロペラを回すときにも起こります。

プロペラを「時計回り」(CW：clockwise) に回そうとすると、モータには「反時計回り」(CCW：counter clock wise) に回ろうとする力が働きます。

ドローンの複数のプロペラをすべて同じ方向に回してしまうと、機体にはその方向と逆方向に回る力が発生し、空中という摩擦の非常に小さい環境では、その力によって機体が回りだしてしまいます。

これを防ぐために、ドローンでは、隣のプロペラはそれぞれ「逆回転」するように配置されています。

4つのローターをもつ「クアッドコプター」の場合は、対角に同じ回転方向の「モータ」が配置されることになります。

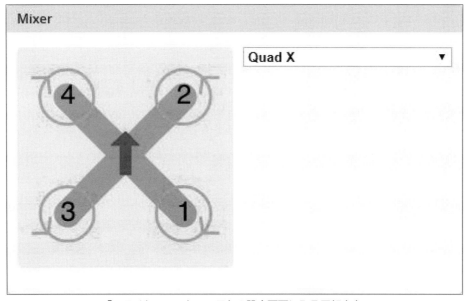

「フライト・コントローラ」の設定画面にみる回転方向

この「作用・反作用」をコントロールする必要があるため、ドローンのプロペラの数は「偶数枚」のほうが制御しやすいと言われています。

よく見るドローンが「クアッド (4枚)」「ヘキサ (6枚)」「オクタ (8枚)」と「偶数」なのは、このような理由からです。

■ 姿勢の安定

ドローンが空中で複数のプロペラを用いて安定して飛行するために、「IMU」(inertial measurement unit: 慣性計測装置）を用いています。

具体的には、多くの場合、「ジャイロセンサ」「加速度センサ」「地磁気センサ」といったセンサ群です。

これらの「センサ」により、機体の姿勢（傾き）を計測し、傾いている場合は下がっているほうのプロペラの回転を上げ、上がっているほうのプロペラの回転を下げる、といった調整を、1秒に何百回も行なっています。

●「箒のバランス」と「PID制御」

箒を逆さにして、手で倒れないようにバランスを取る遊びをやったことがある人は多いと思います。

このような、「バランス」を機械に行なわせる制御方法として、「倒立振子」というものがあります。

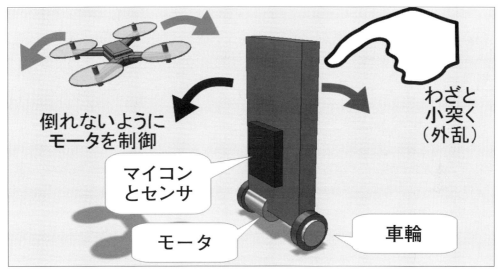

倒立振子

「倒立振子」は、「箒の傾き」や、「手の位置」「手を動かす速度や向き」などを見ながら手を制御して、箒を倒れないように保ち続ける制御を行なうための、いわば"練習課題"です。

「ドローン」などで、バランス制御を行なう際の基本となる技術分野で、2輪の移動装置「セグウェイ」はその代表的な応用例です。

「ドローン」の場合、複数の翼それぞれを、どのくらいの速度で回転させるかの計算に、「倒立振子」の技術が使われています。

　「倒立振子」の具体的な計算方法や制御方法は、難解な数学のお話（「微分方程式」や、「ラプラス変換」など）がたくさん出てきてしまうので、いちばん重要な部分だけ触れておきましょう。

＊

　姿勢を制御するには、「箒が左に倒れかけているから、手を左に動かそう」と考えます。

　それを数値で処理するために、難しい計算式（運動方程式）を解いて、「手をどこに動かせばいいか」を算出します。

　その計算の「答」、つまり「手を移動する先」を決めたら、その「答」の場所に、「手」を正確かつ安定的に移動させる方法を計算します。

　「重さをもった手に、どのくらいの力を掛けて動かすか」、いわゆる「パワー制御」を行ないます。

　このような制御では、後述する「PID制御」というものを用いており、傾きに対してどのくらい調整するかを「P」「I」「D」の3つのパラメータで設定します。

■ PID 制御

● P 制御

　「P制御」は、現在の手の位置と、動かしたい先の位置の「差」を調べて、その差の大きさに「比例（Propotional）した力」を加えて「手」を動かす、という制御です。

　簡単に言えば、「箒を倒さないために、どっちにどのくらいの力で手を動かすか」ということです。

　力を加減しながら、加速～減速して、目的の場所で停止させます。

　目的の場所まで手を動かすのに時間が掛かりすぎると箒が倒れてしまったり、逆に一気に目的の場所まで手を動かそうとすると、目的地の付近で「行き過ぎて戻って…」を繰り返したり（「振動」とか「ハンチング」と呼ぶ）するので、そうならないような調整が必要です。

　また「P制御」は、最低限必要な制御方法ですが、これだけでは充分とは言えず、微妙なズレ（オフセット）が生じます。

　箒の角度に「オフセット」が生じると、まっすぐ立てて静止しているつもりでも、実際は「オフセット」のぶんだけ斜めになっており、横方向のドリフトが生じます。

　そのため、単に箒を立てるだけでなく、同じところに安定して留まったり、ゆれ続けるのを抑えたり、外乱に対してすばやく反応したり、といった制御も必要になります。

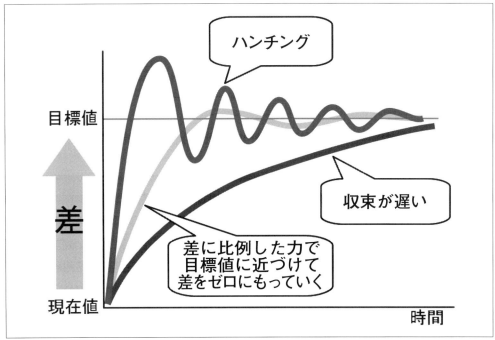

「P制御」のハンチングや収束時間

●「I 制御」と「D 制御」

　「ハンチング」や「オフセット」などの対策として、「I 制御」「D 制御」といった
ものが組み合わされます。

　「I 制御」（Integral：積分）は、「オフセット」の量を打ち消すための制御で、「D 制御」
（Derivative：微分）は、風などの外乱で姿勢が乱れたときに、すばやく元の姿勢に
戻すための制御と捉えておくと、分かりやすいでしょう。

●フィルタ処理

　「ドローン」に搭載される、「加速度」や「角速度」などの各種センサ（後述）から
の情報には、「ノイズ」や「オフセット」が含まれます。
　そのため、このまま「PID 制御」を行なうと、意図しない動作になってしまいます。

　センサのデータを「PID 制御」に入力する前に、「オフセット」や「ノイズ」を除いた、
元データを推定する「フィルタ処理」というものを行ないます。
＊
　フィルタの種類には、「相補フィルタ」や「カルマンフィルタ」などがあります。

　複数のセンサを組み合わせて、「オフセット値」を取り除いたり、センサ固有の「ノ
イズ成分」を除去したりします。

これらの「PID 制御」や「フィルタ処理」を行なうことで、「ドローン」は、オフセットやノイズの少ない、安定した飛行が行できるわけです。

■「ドローン」の移動

●上下移動

「ドローン」が上に上げたいときは、すべてのプロペラの回転を上げます。
逆に、下げたいときは、プロペラの回転を下げます。

基本的に「固定ピッチのドローン」は、回転数を落とし、重力によって下がるしかなく、プロペラの回転数が下がるとジャイロ効果が得にくくなるため、下降時には機体の安定度が下がります。
最速で下ろすには、完全に回転を止めることですが、そうなると機体は制御を失います。

「ドローン」の操作でいちばん難しいのは、この「下降」の操作だとも言われています。
「下降」は、できるだけゆっくりと、したがってバッテリの余裕があるうちに「降下」を開始しなければなりません。
「ドローン」では、「充分に余裕をもってゆっくりと下ろす」ということを覚えておいてください。

●前後左右移動

「前後左右の移動」については、機体を意図的に傾けることで行ないます。
「進みたい方向を下げ反対側を上げる」ことで、その向きに進むことができます。

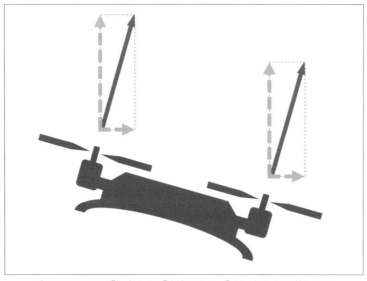

プロペラによる「揚力」を「上向き」と「進行方向」に分解する

　「水平」を保っているときと比べると、「進行方向」に「力」が「分解」されるため、プロペラの回転数が変わらない（「スロットル」が一定）ままだと「上向き」の力が足りなくなり、機体が下がってしまいます。

　よく出来た「ドローン」は、移動時に下がらないように「スロットルの調整」も自動的にしてくれますが、そうでない場合は、自分で「スロットルの調整」を行なう必要があります。

●ヨー軸回転

　「ヨー軸の回転」とは、「左右向き」の「水平回転」のことですが、機体を「CW」に回転させたい場合は、「CWのモータ」の回転を落とし、「CCWのモータ」の回転を上げることで、先ほどの「作用・反作用の法則」で、機体は「CW向きに回転」します。

ヨー軸回転

　このように「ヨー軸の回転」は、互い違いのプロペラの回転を増減することで実現します。

＊

　以上でも分かる通り、「マルチコプターのドローン」は、複数のプロペラの回転数を変えるというシンプルな手法で、あの複雑な飛行を実現しています。

■ 飛行に潜む危険

● コアンダ効果

「ドローン」の飛行は、プロペラで空気の渦を作り、「揚力」を得るものになっています。

したがって流体力学の範疇(はんちゅう)のものになり、時折、予想できないような動きをすることがあります。

そのひとつが、天井や壁に近づくと、流体力学的に吸い寄せられる力が発生するらしく、天井や壁に張り付く、またはそのせいで墜落する、と言うものです。

この効果があるせいで、「屋内での飛行」や「狭い場所での飛行」、場合によっては「トンネル内」や「橋の橋梁」の検査なども危険を伴います。

また、複数台の「ドローン」が接近して飛行する場合も、空気の流れが非常に不規則になり、予想しないような挙動となる場合もあります。

このような特徴を予め知っておくことで、危険を避ける必要があります。

2.3 「部品」と「技術」

「ドローン」は非常に多くの部品で出来ています。

どのような部品が使われていて、それがどのような技術に関係しているのかを説明していきます。

*

まずは、「ドローン」が飛ぶために必要な部品から説明していきます。

■ フレーム

各種部品を載せて、「ドローン」の形状を維持しているのは「フレーム」と呼ばれる部品です。

軽くて頑丈なものを、ということでカーボンが使うことも多いですが、「トイ・ドローン」などでは「ABS」などが使われています。

実際、ある程度軽くてちょっとした剛性があれば、飛ぶことは飛ぶので、「3Dプリンタ」で出力されたものや「割り箸」で組まれたフレーム、「キノコ」を乾燥させて作ったフレームなどを見たこともあります。

*

これは「フレーム」のところに書くのが正しいかどうか分かりませんが、「モータ」と「プロペラ」を何枚取り付けるかによって、「フレームのアームの数」も変わって

きます。

　よく見掛けるのは「4つのアーム」がある「クアッド機」ですが、4つのアームの先に、上下方向に別々の「モータ」と「プロペラ」を配置した「オクタ機」もあります。

　「クアッド機」の場合、モータ1つが故障すると墜落するしかないと言われています。
　「ヘキサ」や「オクタ」であれば、1つのモータが壊れても、ある程度飛行の維持が期待できる場合もあり、またモータの数が多ければ、「ペイロード」もある程度期待できることもあって、業務用では「オクタのフレーム」を用いることも多くなっています。

■ モータ

　一般に「モータ」と言うと、電源端子にプラスとマイナスをつなぐと回転する「DCモータ」（ブラシ付きモータ）を指します。
　「ブラシ付きモータ」は、回転子の角度に合わせ、ブラシで電流の流れ方が自動的に切り替わるので、速度の制御は「電圧の高低」だけで簡単に制御できます。

*

　一方、「ドローン」や、各種「ラジコン」などでは、「ブラシレス・モータ」が広く使われています。
　「ブラシレス・モータ」には、3つのコイルの「相」があり、ごく短い時間ごとに、各相への給電を順々に切り替えて回転します。

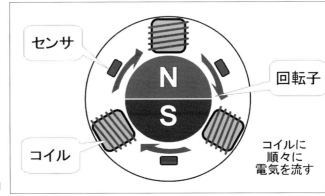

「ブラシレス・モータ」の制御

　制御方法が少々複雑ですが、「ブラシ付きモータ」に比べて回転速度が安定しており、高回転化、高出力化しやすく、またブラシを使わないぶん、長寿命で低騒音です。

　軽量化が重要な「ドローン」では、ほとんどの機種で採用されています。

*

　ただ、「DCモータ」が直流電源をそのまま入れればよかったのに対して、「ブラシレス・モータ」は制御のために「ESC」（Electronic Speed Controller）という部品を使います。
（これは、「ドローン」だけでなく、各種「ラジコン」や「家電製品」などにも、広く使われています）。

　現在の「ブラシレス・モータ」と「ESC」は、高効率で高出力なものが出てきているので、モータ1つで「数10A～」、瞬間的には「100A」を超える電流を使うこともあります。

＊

　「ESC」への指示は、「PWM周期」が20msで、秒間50回制御ができるため、多くの場合、「PWM」を用いていました。

　ところが、最近のレーサー機は、「時速150km」などで飛行します。
　これは、制御ループの間に「1m」近く機体が進む計算となります。
　そのため、「もっと速い制御」を、ということで、「OneShop」「MultiShot」「DShot」など、より速い制御ループのためのプロトコルが出てきています。

＊

　また、近年増えてきている「トイ・ドローン」や「小型レーサー機」などは、小さな「ブラシ・モータ」を使っていることもあります。

　「携帯電話のバイブ」などで小型のモータの需要が高待っていたこともあり、安価で入手しやすく、また「ブラシレス・モータ」と違い「ESC」も要らないので、部品点数を少なく作れるので、「トイ・ドローン」には向いていると言えます。

■ センサ

　すでに書いた通り、「ドローン」には多くの「センサ」が搭載されています。
　「ドローン」で使われる「センサ」で最も重要なのは、「3軸加速度センサ」「3軸ジャイロセンサ（角速度センサ）」「3軸地磁気センサ」でしょう。
　これらのセンサ群は、機体の姿勢を制御するのに使われています。

●3軸加速度センサ

　「3軸加速度センサ」は、前後左右上下方向に、どのくらいの「加速度」が掛かっているかを知るためのセンサです。

3軸加速度センサ（秋月電子）

　「ドローン」には常に地球の引力（重力加速度）も働いているので、それも加味した値を読み取ることで、姿勢を知ることができます。

＊

　この「加速度」とは、物理や数学では、「位置」を2回微分したものです。

　そのため、逆に1回積分すれば「速度」を計算でき、もう1回積分すれば「位置」を計算することが、"理屈上は可能"です。

　しかし、実際には「重力加速度」以外にも、「ドローン」が移動する「加速」や「減速」の成分も混合されます。

　また、この積分計算には「オフセット」（誤差）が含まれます。

　そのため、これだけでは正確に姿勢を検知するのは困難です。

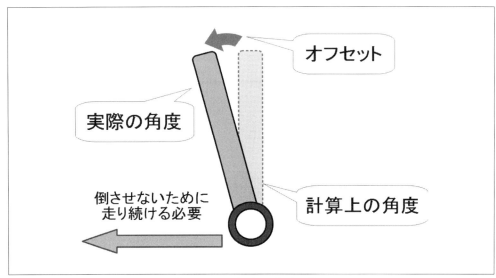

「オフセット」がある場合の動き

●3軸ジャイロセンサ

　「角速度」（回転の速さ）を検知するセンサです。

　「ドローン」が移動や加速（減速）していても、回転していなければ反応せず、「ドローン」が一箇所に静止していても、回転していれば検知できます。

　回転（停止）を制御できるだけでなく、「3軸加速度センサ」の値と組み合わせて「6軸制御」とすると、「オフセット量」をキャンセルして空中にドリフトせずに静止させる、といった制御もできるようになります。

3軸ジャイロセンサ(秋月電子)

●3軸地磁気センサ

　立体空間上で、南北の方向を知ることができる、いわゆる「電子コンパス」です。
　上記のセンサに「地磁気センサ」を組み合わせることで、さらに安定性や正確さが向上します。

3軸地磁気センサ(秋月電子)

　このように、複数のセンサを組み合わせた制御を「センサ・フュージョン」と呼びます。
　安定した飛行を行なうためには、複数種類のセンサから得た情報を元に複雑な計算をするため、搭載するセンサの数やCPUの処理能力にも大きく影響します。

　昨今では、CPU能力の向上や省電力化、小型センサの開発によって、「ドローン」は小型化で高性能化が実現されています。

*

　なお、「3軸加速度センサ」「3軸ジャイロセンサ」「3軸地磁気センサ」をすべて

搭載したものは「9軸センサ」と呼び、「加速度」と「ジャイロ」だけ搭載したものは「6軸センサ」と呼びます。

単純に数が多いほうが、緻密な制御ができます。

●超音波センサ／気圧センサ

「超音波センサ」は、「ドローン」から発した超音波で、地面までの距離を計測します。飛行高度が低い場合に有効です。

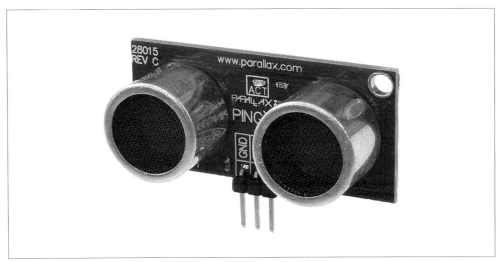

超音波センサ（秋月電子）

「気圧センサ」は、「ドローン」周辺の気圧を元に、「飛行高度」を推測するセンサです。飛行高度が高い場合に、有効です。

気圧センサ（秋月電子）

気圧はわずかな高度差でも変化するので、「気圧センサ」を「高度センサ」代わりに利用し、一定の高さを保つのに使われます。

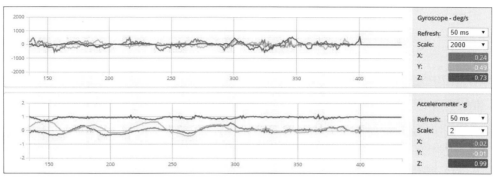

設定画面から見える「センサ」のデータ

　これらのセンサからの結果を元にして、地上に激突したりせずに、安定した高度での飛行が可能になります。

●GNSS（GPS）

　「GPS衛星」からの情報を利用すると、「ドローン」は自分の位置を正確に把握ができます。

　これによって、あらかじめ設定したルートを飛行して戻ってくるというような、「自動航行」に利用できます。

　また、「衛星からの位置情報」を利用して、その場に静止するのにも利用されています。

　「GNSS」（GPS）を積んだ「ドローン」は、屋外で非常に安定したホバリングをします。

GPSモジュール（秋月電子）

　緊急時の自動帰還にも利用できます。

　大半の「ドローン」は、電池が数分から数十分で切れてしまい、障害物によって電波が届きにくい場所などもあります。

　このようなときに「GNSS」（GPS）を利用できると、自律飛行で離陸地点に戻ることも可能です。

　　　　　　　　　　　＊

　この他、カメラを利用した「自身の横滑り」を検知したり、人やものに追従するような機能をもつ「ドローン」もあります。

　「赤外線」や「超音波」などを利用した「障害物検知センサ」などを搭載した「ドローン」は、飛行中に障害物を避けたり、衝突前に停止したり、高度を一定に保ったりすることができます。

■ フライト・コントローラ

　「センサ」と「モータ」の仲介、そして「プロポ」（後述）などコントローラとの仲介をしているのが、「フライト・コントローラ」（FC）です。

　DJI 社のように、独自の「FC」を利用している場合もあれば、「CleanFlight」「BetaFlight」と言ったようなファームウェアに対応する「FC」を採用している場合もあります。

　また、「PixHawk」など、オープンソース・ソフト用の「FC」も存在しています。

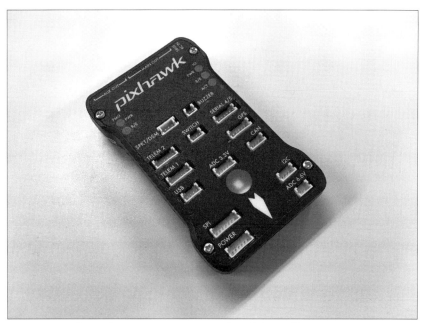

「オープンソース・ソフトウェア」に対応する「PixHawk」

　より高度な制御のニーズに応じて、「フライト・コントローラ」のマイコンも、より高性能なものが求められるようになってきました。

　「ESC」への指示の周期が短くなるということは、それまでに各種センサからの情報を収集し、制御のための計算を終わらせなければなりません。

　場合によっては、カメラ画像の解析結果から制御を行なう必要も出てくるなど、「FC」に求められるスペックは年々上がっています。

　また、「ドローン」の飛行記録を残したり、バッテリ電圧低下や、電波が届かなくなるなどの不測の事態に対応する「フェイルセイフ機能」も、「FC」に求められるようになっています。

■ バッテリ

　ドローンでよく使われているのは「リチウムイオンポリマー二次電池」で、「リポ・バッテリ」とも呼ばれる、スマホやノートPCなどでも使われているバッテリです。
　体積の割にエネルギー量が多く、また比較的大きな電流を取り出せるので、ドローンに向いています。

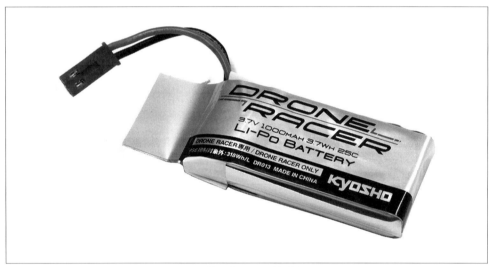

リポ・バッテリ（京商）

　「リポ・バッテリ」は、「セル」と呼ばれる電池を「直列」につなぐことで、「電圧」を高めることができます。
　セルを2つ直列したものを「2S」、3つなら「3S」と書き、目的に応じて利用します。
　たとえば、小型の「トイ・ドローン」は「1S」、「レーサー・ドローン」は「4S」、「大型機」なら「6S」といった具合です。

　複数セルのバッテリの場合、それぞれのセルごとに適切な充電をする必要があり、そのようにセルごとのバランスを取りながら充電することを、「バランス充電」と言います。
　これは専用の充電機で、正しく充電する必要があります。
＊
　バッテリの充電容量は「mAh」で表わし、容量の大きさはほぼバッテリのサイズ、重量に比例します。

「ドローン」のペイロードの範囲で、「バッテリのサイズ」を選ぶしかありません。

　現在、「トイ・ドローン」では 5 分程度、「空撮用」で 15 分〜 30 分、「業務用」で
もやはり 30 分程度飛ばせる容量を積むことが多いです。

＊

運用時間の短さは「ドローン」の技術的課題のひとつです。
課題解決のために燃料電池の利用や、エンジンの利用なども検討されています。

　また、瞬間的にどれだけの電流を流すことができるのかの指標で、「60C」という
ような表記をしている場合もあります。
　たとえば、「1800mAh」「45C」のバッテリの場合、瞬間的に「80A」程度の電流
を流すことができます。

　「リポ・バッテリ」は正しく使っているぶんには問題ありませんが、使い方を間違
うと、発火、爆発する危険があると言われています。
　また、衝撃にも弱いため、雑に扱ったり、ふいに墜落したりして傷がついたりする
と、非常に危険です。

　メーカー製のドローンでは、バッテリを硬いケースの中に入れるなど、衝撃や傷へ
の対策をしていますし、充電器も専用のものを用意しています。

　「レーサー用ドローン」などを自作している人などは、「リポ・バッテリ専用の難燃
性の持ち運びバッグなどを用意しています。
　バッテリは正しく利用しましょう。

■ 送受信機

● 送信機

　ドローンの操作には「プロポ」と呼ばれる送信機を利用します。
　「トイ・ドローン」や DJI 社などの「メーカー製ドローン」は「専用プロポ」を利
用することが多いですが、「レーサー用ドローン」や「業務用ドローン」は「汎用の
プロポ」を利用することが多いです。

　少なくとも、左右 2 つのスティックで、「スロットル」「ヨー」「ピッチ」「ロール」
の 4 つのコントロール用に「4ch」が必要になります。
　場合によっては、機体のモードの設定や、カメラの制御、特殊機能の実行などの
ためにさらにスイッチなどが必要で、「汎用のプロポ」だと「10ch」以上あるものも
少なくありません。

ドローンを操作するための「プロポ」

　「ドローン」の操作には、ほとんどの場合「2.4GHz帯」の電波を利用しています。
　この帯域の電波の場合、メーカーによって正しく技適が取られているものを使えば、違法にはなりません。
　実際の通信方式については、メーカーごとによってさまざまな方式があり、日本では双葉電子工業(株)のものがよく使われています。

　一部の「トイ・ドローン」や、最近の「セルフィ・ドローン」などには、スマホアプリを送信機として使うものも出てきました。
　ほとんどの場合、「ドローン」を「Wi-Fiのアクセス・ポイント」としてスマホを接続し、その上でアプリケーションを立ち上げ利用する形になっています。

　また、先述した「DJI Spark」は、標準では送信機は同梱されておらず、スマホから操作、またはスマホすら使わずジェスチャだけで操作できるようになっています。

●受信機

　また、送信機に対応する受信機も必要で、送信機の通信方式にあった受信機を「ドローンのFC」に接続して利用します。

　「FC」との接続方式もさまざまあるので、自分でパーツを集めてドローンを組み立てる場合は、「送信機との通信方式」に加え、「FCとの接続方法」も確認しておく必要があります。

FC に接続する「受信機」

● バインディング・ペアリング

　送信機と受信機が混信してしまわないように、どの送受信機が対になっているかを登録する作業が「バインディング」、または「ペアリング」と呼ばれる作業です。

　「トイ・ドローン」の場合は、電源を入れるたびに「バインド」しなければならないものも多いですが、だいたいの機種は、一度やってしまえば、そのまま記憶しています。

　「バインド」の方法は、機種やメーカーによって違うので、マニュアルなどを見て、最初に行なう必要があります。

● テレメトリ

　機体の各種情報を送信機側に逆に送る機能を、「テレメトリ」と呼びます。

　いちばん利用されるのは、「ドローンのバッテリ残量」をプロポ側に表示させて、バッテリ残量が少なくなったときにブザーで知らせる、といった使い方です。

　「テレメトリ」を利用するには、「テレメトリ」に対応するプロポと、「テレメトリ」のためのオプションパーツが必要です。

■ 送受信機

● 送信機

　空撮用の「ドローン」には、非常に高精細で明るいレンズの「カメラ」が搭載されています。

　また、空撮映像をブレなく安定した映像にしたり、レンズを任意の方向に向けるために、「カメラ」には 2 軸以上の「ジンバル」を付けていることがほとんどです。

　「カメラ」「ジンバル」は、操縦者の手元のプロポからコントロールもできるようになっています。

*

　また、「ドローン」の操縦と、カメラ操作や撮影を、別々の人で行なう「ツーマン・オペレーション」ができる機体もあり、安全にキレイな映像を確実に残したい場合はこのような機体を利用します。

　また、「業務用ドローン」では、普通の「可視光用のカメラ」以外にも、「赤外線カメラ」などを積んで撮影することもあります。
　「赤外線カメラ」は農業分野で農作物の成長具合を見たり、インフラ点検などで太陽光パネルの故障箇所を見つけたりするのに役立ちます。
　なお、このような業務用の特殊カメラは、場合によってはドローン本体よりも高価になることもあります。

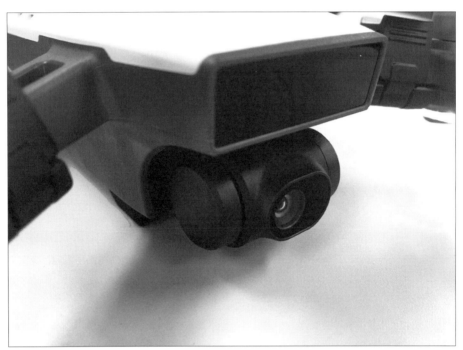

「DJI Spark」のカメラには、2軸の「ジンバル」

●FPVカメラ/VTX

　空撮用ではなく、「ドローン・レース」向けなどに、ドローンの主観映像を撮影するためのカメラが「FPV（First Person View）カメラ」です。
　「FPVカメラ」の場合は「ジンバル」は利用せず、ほとんどの場合、向きが固定されています。

　また、「FPVカメラ」からの映像を見ながら「ドローン」を飛行させるため、映像の画質よりも遅延のなさ、追従性が求められます。
　「空撮用カメラ」が「4K」だったりするのに対して、「FPVカメラ」は「VGA」程度の画素数だったりします。

＊

「FPVカメラ」の映像を、操縦者のところまで送る部品が「VTX」（Video Transmitter）です。

多くの場合、「5.8GHz帯」を用いており、日本でこの帯域を使うには「アマチュア無線4級」以上と「3級陸上特殊無線技士」などの資格、そして「無線局の開局手続き」が必要になります。

現在、主流の「VTX」は、アナログで映像を飛ばすもので、非常に遅延が少ないものです。

「VTX」からの信号は、操縦者の「ヘッドマウント・ディスプレイ」などで受け取るほか、たとえば「録画機」や「TV」に送るようなデバイスもあります。

FPVカメラ

●OSD

「テレメトリ情報」を「VTX」の映像上に重ねて送ってくる機能が、「OSD」（On-Screen Display）です。
バッテリ残量、機体の傾きなどをリアルタイムに視覚で知ることができます。

■ 機能制限

●電波法制対策

一見同じ機体でも、日本と海外では「電波到達距離」が違う、「利用している電波帯」が違う、などの制限がかかっていることがあります。
これらは日本の「電波法」に合致するために、本来の機能を一部制限したものとなります。

●「GNSS」と「ジオフェンス」

先ほど、「センサ」の項でも「GNSS」について触れましたが、「GNSS」を利用した利用制限として、重要な飛行禁止エリア（飛行場近辺など）での飛行を不可能にする機能があります。

これは特定のエリアに飛行範囲を区切ったり、特定エリアでの飛行をできなくする「ジオフェンス」機能を利用したものです。

飛行禁止区域の中で飛行するには、必要な手続きを踏んだ上で、メーカーに「ジオフェンス」を解除してもらう必要があります。

また、この「ジオフェンス」機能は、初級者を守るためにも使います。
「ドローン」が意図せずに遠くや上空に行ってしまうのを防ぐ目的で、ホームポジションからの飛行範囲を制限できます。

「GNSS」は自動航行のためだけでなく、「ドローン」のさまざまな機能を支えています。
現在は、「ドローン」の実社会での運行を見据えた「航空管制システム」の構築も進められています。

今井　大介（いまい・だいすけ）
ロボット制御 OS「V-Sido」の企画・開発・販売を手がけるアスラテック㈱のエヴァンジェリスト兼「ドローン」専門ファンド「DroneFund」のアドバイザリボード。

nekosan
ソフト開発系のエンジニア。
ネットで見かけた「電子制御の自作赤道儀」に興味をもち、自分も作ってみようと思って電子工作を始める。
いつの間にか、手段と目的を取り違えてしまい、電子工作を趣味にして十数年。今に至る。
http://picavr.uunyan.com/
【箒と PID 制御、モータ、センサの内容を解説】

第3章

「産業」で使われる「ドローン」

「無人航空機」の起源は、英国の標的機「Queen Bee」(女王蜂) だと言われています。

米国が爆撃機を改造した標的機を開発したとき、英国の機体の名称にちなんで、「Drone」(雄蜂) と呼ばれるようになりました。

また、近年「ドローン」のコンシューマ市場が拡大した背景には、Parrot 社の「AR.DRONE」や、DJI 社の「Phantom」などの小型機が登場したことがあります。

本章では、国内外の「ドローン産業」の動向と、「軍事用ドローン」について紹介します。

高橋　伸太郎
本間　一
arutanga

■ 日本の「ドローン産業」の動向

● 市場の展望

「無人航空機」は、産業分野での利活用が期待されています。

日本は人口減少社会を迎えており、「無人航空機」など新しいテクノロジーを活用することによって、経済活動における生産性や安全性の向上が必要です。

インプレス総合研究所は、国内における「無人航空機産業」の市場規模を、2015年度は175億円、2016年度は353億円としています。

そして、2017年度には533億円、2022年度には2,116億円に達することを予測しています。

● 政策的な動向

改正航空法では、「無人航空機」は、

> 飛行機、回転翼航空機などであって人が乗ることができないもの（「ドローン」「ラジコン機」など）のうち、遠隔操作または自動操縦により飛行させることができるもの（200g未満のものは除く）。

と定義されました。

＊

「無人航空機」の法的な定義は、現在、国ごとに異なる状況となっています。

2015年11月5日、「第2回未来投資に向けた官民対話」において、安倍総理は「早ければ3年以内に「ドローン」を使った荷物配送を可能にすることを目指す」と発言。

2016年4月28日、「小型無人機に係る環境整備に向けた官民協議会」が、「小型無人機の利活用と技術開発のロードマップ」を策定。

2017年5月19日には、「小型無人機に係る官民協議会」において、新たに「空の産業革命に向けたロードマップ（案）」が提示されています。

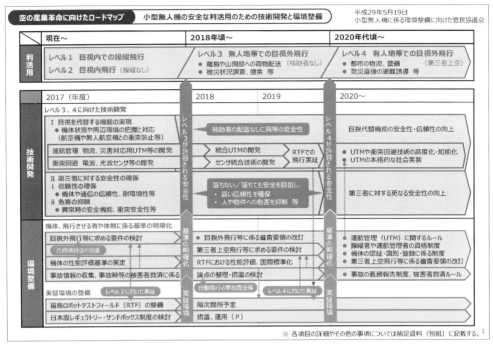

小型無人機の環境整備に向けた官民協議会：空の産業革命に向けたロードマップ（2017）

● 国内の「ドローン関連事業者」

　国内のドローン・メーカーは、特定の産業分野での利用を想定したかたちで機体開発を進める傾向があります。

　「ソリューション分野」では、「空撮」や「インフラ整備・点検」「測量」「精密農業」「物流」「警備」などの分野を中心に、プロジェクトの展開が始まっています。

　「新エネルギー産業技術総合研究開発機構」（NEDO）の「ドローンの運航管理システムに関するプロジェクト」には、「NEC」「NTTデータ」「日立製作所」「NTTドコモ」「楽天」が参加しています。

●「産業分野」での利活用

　「産業分野」での利用は、日本では「農業分野」を中心に始まり、1980年代後半にヤマハ発動機の「農薬散布用無人ヘリコプター」が導入されました。

　さらに、マルチローター型の機体の普及が始まったことから、2016年に農林水産省が「農薬散布に関する指針」を策定。

＊

　国土交通省は、公共工事の効率化のため、「IoT」「人工知能」の現場導入や「3次元データ」の活用など、「i-Construction」を進めています。

　国土交通省の「i-Construction 推進に向けたロードマップ（案）」では、2017年度に3次元 UAV 測量の基準緩和などを行なうことが盛り込まれています。

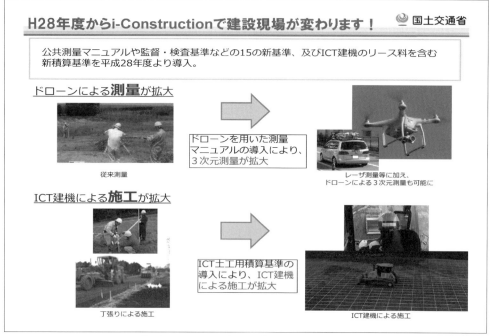

「i-Construction」での「ドローン」活用案
（i-Construction 推進に向けたロードマップより）

　コマツは「スマート・コンストラクション」として、「無人航空機」による測量を行ない、その測量データをもとに、施工計画を策定。

＊

　「ドローン物流」の実証実験は、千葉市（幕張）の特区などにおいて行なわれています。

　国土交通省は民間の研究機関や企業と連携して、「物流用ドローンポート」の実証実験を長野県伊那市などにおいて推進。

＊

　国内の「報道機関」における事例としては、TBS が、取材やドラマなどの撮影や専門的な人材の育成などに力を入れています。

　災害対応の現場では、公共セクターによる災害調査や、報道機関による取材、保険会社による損害調査などで活用が始まっています。

　東日本大震災後は、放射線量測定で、熊本地震では被害状況の調査などで利用され

てきました。

　国土地理院は、地震や台風、大雨など大規模の災害の発生直後に、無人航空機による災害調査をしています。

＊

　現在、国内では、「ドローン」の操縦は民間の資格制度が中心となっています。

　国土交通省は、「無人航空機操縦者」に対して講習の受講を促し、操縦技能のレベルアップを図るため、操縦技能の講習を行なう団体の航空局の Web サイトへの掲載を開始しました。

■ 世界の「ドローン産業」の動向

● 米国

　米国では、主に「連邦航空局」（FAA）が無人航空機政策を担当。

　産業目的で「ドローン」を飛行させる場合は、「連邦航空局」による試験に合格した運航管理者が担当する必要があります。

　「連邦航空局」は、今後 5 年以内に無人航空機の機体数が劇的に増える見通しを示しています。

　2017 年 3 月の段階で、「連邦航空局」に登録された「ドローン」の機体は、70 万台を超えています。

　米国では、「地上イメージング・マッピング」や「精密農業」「点検・監視」「管制・自律飛行技術」などの分野を中心に、「ドローン関連」の企業への投資が拡大しています。

　サービス分野において、「DroneDeploy（ドローンデプロイ）」「Hivemapper（ハイブマッパー）」「AirMap（エアマップ）」などのスタートアップが頭角を現わしています。

＊

　「3D Robotics」は、産業分野におけるソリューションの提供を重視する方向にシフト。

　2017 年 4 月には、5,300 万ドルを資金調達し、建設・エンジニアリング業界向けのデータプラットフォーム「Site Scan」の開発などを推進しています。

3D Robotics の「ドローン」と「Site Scan」

大手 IT 企業は独自の無人航空機の開発を進めています。

「Facebook」や「Google」は、インターネットユーザーを拡大するために、「ドローン」による通信網の研究を推進しています。

「Amazon」は世界各地で、ドローン配達、「Amazon Prime Air」の実証実験をしています。

「Uber」は「大型ドローン」による移動サービスの実現を目指しています。

＊

大都市における導入の事例として、ニューヨーク消防本部が、現場の把握を目的に「小型無人航空機」を導入。

＊

報道機関の動向としては、「ニューヨーク・タイムズ」や「ワシントン・ポスト」など米メディア 10 社と、バージニア工科大学が、「ドローン」運用の安全テストを実施。

また、「CNN」が、「連邦航空局」「ジョージア工科大学」と連携して、「報道機関向けドローン」の利用テストをしています。

＊

「エンターテイメント」の分野では、「OK Go」によるミュージックビデオの撮影で「ドローン」が使われていたことが世界的な注目を集め、YouTube で 3,400 万回以上の再生回数を記録。

＊

「インテル」は複数台の「ドローン」を使って演出するプロジェクトを進めています。

また「Drone Lacing League」は、米国や欧州などで「ドローン・レース大会」を開催しています。

● カナダ

　カナダは早い段階から、「ドローン」に関する法制度の整備に取り組んできました。

　カナダは国土が広く、産業分野での「ドローン」の活躍が期待されているため、利活用の視点からルールを形成。
　カナダ運輸省は、目的や機体の重量などに応じてガイドラインを定めています。

　カナダ運輸省は、「ドローン配送ベンチャー」の「Drone Delivery Canada」（DDC）に試験的な許可を出しました。
　DDC社の「ドローン」は、長距離での飛行が可能で、有効な物流手段になると展望されています。

DDC社の「配送ドローン」

● 欧州（欧州連合・フランス）

　欧州連合は2019年までに、「ドローン」の機体・操縦士に対して登録制度を実施。
　今回のルール形成では、150m以下の低高度飛行空域「U-Space」の扱いが焦点となっています。
　「U-Space」における飛行は、管制システムの管理下におかれることになります。

　欧州連合では、「欧州航空安全局」（European Aviation Safety Agency）が中心となり、加盟国との協議を進めています。
　今後、英国の欧州連合離脱が協議に影響するかどうかも注目していく必要があります。

*

フランスは、「精密農業」などの分野を中心に、「ドローン」の利活用が進んでいます。

フランスに本社がある Parrot 社は、コンシューマ向けの「小型ドローン」のイメージも強いですが、産業分野におけるソリューション開発や投資活動に力を入れてきました。

Parrot 社の農業用「Airinov」

これまで、「Pix4D」（三次元マッピング）、「senseFly」（産業用ドローン）、「Airinov」（農業向けリモートセンシング）、「Micasense」（農業リモートセンシング用マルチスペクトラルカメラ）などとの連携を進めています。

●アラブ首長国連邦（ドバイ）

アラブ首長国連邦では、「自動運転」や「ドローン」など先端的な技術の実証実験や国際大会が積極的に行なわれています。

2016 年 3 月には、ドバイで賞金総額約 1 億 2,000 万円のドローン・レース大会、「World Drone Prix」を開催。

また、2017 年 3 月には、「ハリファ大学」の主催で「ムハンマド・ビン・ザイード国際ロボティクス・チャレンジ」が行なわれました。
この大会では、移動する車両に「ドローン」を着地させるなど、各種競技を実施。

この他、ドバイ道路運輸局は、ドイツの「Volocopter」と連携し、大型「ドローン」による実証実験の準備を進めています。

●中国

「深セン」は経済特区に指定されてから企業の進出が加速し、急激な発展を遂げています。

「ドローン」関連の事業者が集積し、業界団体として「深セン市ドローン協会」が国際的な展示会やシンポジウムなどを開催。

＊

深センに本社がある DJI 社は、「民生用ドローン」市場で世界トップのシェアを占めており、空撮やデータ収集などの分野を中心に幅広く利用されています。

DJI 社の創業メンバーがスピンアウトして立ち上げた MMC 社（MicroMultiCopter Aero Technology）は、産業用の機体を開発しています。

MMC の産業用ドローン

広州に本社がある EHang は、人が乗ることが可能な大型「ドローン」の研究開発を進めています。

＊

中国では「ドローン」関連の特許が増加傾向であり、北京や内陸地域のソフトウェア技術、航空技術とも融合ながら、深センなど広東地域の「ドローン産業」が発展を遂げています。

●シンガポール

「シンガポール」は、「ドローン」の利活用に積極的な国のひとつとして注目を集めています。

飛行方法については、「許可されていること」と「禁止されていること」を明確に示しています。

＊

2016 年 11 月、シンガポール政府は、公的機関に「ドローン」の管制システムを提供するために、開発事業者（Aetos Security Management、Avetics Global、CWT Aerospace Services）との連携を発表。

シンガポール政府は、「都市交通」の手段のひとつとして、「大型ドローン」の実用化も視野に入れています。

「シンガポール南洋理工大学」は、都市部における「ドローン」の交通管理の管制システムを研究開発しています。

●アフリカ

アフリカでは、地理的な要因により地上での輸送が困難な地域が多く、「無人航空機」による物流ネットワークの構築が期待されています。

ルワンダでは、Zipline が「医療品宅配サービス」を展開しています。

医療品を宅配する「ドローン」（Zipline）

●オーストラリア

オーストラリアは、2002 年に世界に先駆けて、「無人航空機」の法制度の整備を行ないました。

背景として、広大な国土において、「無人航空機」による物流ネットワークの整備への期待があったことも指摘されています。

■「ドローン産業」が発展するには

「ドローン産業」に勢いがある地域は、技術力の高い人材、先進的なルール形成、新規事業開発・資金調達がしやすい環境、などの要素が揃っている場合が多いです。

今後、「ドローン」の産業分野での利活用を進めていくためには、エコシステム全体の構築を進めていく必要があります。

3.2　　軍事目的の「ドローン」

■「ドローン」の多大な「軍事的メリット」

　兵器には、国家レベルの予算で購入する顧客が存在します。

　そのため、「軍事用ドローン」には巨額な開発費が注がれ、最先端の技術が惜しみなく投入されています。

＊

　「ドローン」は、「リモート操縦」や「自律的運行」ができます。

　それは「軍事用ドローン」にとって、非常に大きなメリットです。

　危険な紛争地域に人間が行かなくても、「ドローン」を飛ばして、「偵察」や「攻撃」ができます。

　航空機型の「偵察ドローン」はよく知られていますが、そこに「弾薬」や「ミサイル」を搭載すれば、即座に「攻撃用ドローン」に転用できます。

　このように応用の幅が広いことも、「ドローン」を軍事利用するメリットです。

■ 殺人無人機「キラー・ドローン」

●「RQ-1」から「MQ-1」へ

　対人や対物への攻撃を目的とし、「ミサイル」などの兵器を搭載した「ドローン」は、「キラー・ドローン」と呼ばれています。

　世界最初の「ドローン」は、第二次世界大戦中にアメリカが開発した「BQ-7」であるとされています。

B-17 を改造した「BQ-7」

　「B-17」爆撃機を無人機に改造し、高性能炸薬を搭載して体当たりする「アフロディーテ作戦」において、「BQ-7」の型番が与えられましたが、操縦不能に陥ることが多く、攻撃は成功しなかったようです。

　戦後も「BQ-7」の開発は継続され、1946年に行なわれた核実験、「クロスロード作戦」において、核爆発後の降下物測定に用いられました。

＊

　このような「ドローン」で最も有名なのは、「UAV」（無人航空機）の「RQ-1 プレデター」でしょう。
　「プレデター」（Predator）には、「捕食者」「略奪者」といった意味があります。

ミサイルによる対地攻撃能力を備えた「RQ-1 プレデター」

　「プレデター」は、無人偵察機として開発された機体ですが、「ミサイル」や「爆弾」を搭載できるように改変され、攻撃にも使われるようになりました。
　2001年には、アフガニスタン紛争に投入され、武装勢力やその拠点の攻撃に使われています。

　その後、「プレデター」の仕様改変で多用途に使えるようになったことから、「RQ-1」は「MQ-1」に改名。
　「MQ-1」の「M」は、多用途（Multi）を意味します。

●「プレデター」の操縦方法

　「プレデター」の操縦は、米国内で遠隔操縦されており、操縦は2人組で行ないます。
　1人は機体の操縦、もう1人はカメラ映像を見ながら状況を判断し、機体の操縦者に指示を出します。

*

　「プレデター」の操縦拠点はカリフォルニア州にあり、アフガニスタンまでの距離はおよそ 1 万 2000km。

　無線通信の電波は、衛星および地上の複数の通信設備を経由して伝送され、現地の映像は約 1.7 秒のタイムラグで送られてきます。

　紛争地域の兵士からの情報と、映像情報を総合的に判断し、攻撃目標を確定してミサイルを発射します。

●「MQ-1」の後継

　「プレデター」は 1990 年代前半から開発され、1995 年から米軍による運用が始まり、それからすでに 20 年以上経過しているため、「MQ-1」は古い機体から順次退役させることが決まっています。

　その後継は「MQ-9 リーパー」が担い、すでに実戦配備されています。

MQ-9 リーパー (U.S. Air Force photo by Paul Ridgeway)

　「リーパー」(Reaper) は「刈り取り機」という意味ですが、同時に「死神」という意味もあります。

「MQ-1」と「MQ-9」の性能比較

	MQ-1	MQ-9
全長 (m)	8.22	11
翼幅 (m)	14.8	20
最高速度 (km/h)	217	482
巡航速度 (km/h)	130～165	276～313
航続距離 (km)	3704	5926
最大離陸重量 (kg)	1020	4760
エンジン出力 (kw)	86	712

■ 中国の「ドローン」が売れている

　中国が開発した最新の軍事用ドローン「翼竜2」は、航空機型の「ドローン」で、その形状は米国の「MQ-9」によく似ています。

翼竜2

　「MQ-9」の価格は約3000万ドルですが、「翼竜2」は100万ドルで買えます。

　価格が米国製「ドローン」の30分の1ということで、大規模な受注を受けていると報道されていますが、これを買ったのがどこの国なのかは明らかにされていません。

　この安価な機体がどこまでできるのか、性能や品質に問題がないかなど、世界的に注目されています。

*

「翼竜2」は、中高度を長時間飛行でき、偵察、監視、対地攻撃などの任務を遂行するための無人航空機です。

翼幅20.5m、全長11m、最大離陸重量4200kg、最高速度370km/h、最大20時間飛行可能。

これらの性能を「MQ-9」と比較すると、見劣りするのが最大離陸重量と最高速度。これは、エンジンのパワーが少ないことを示しています。

品質には問題ないと仮定すれば、ほぼ「MQ-9」と同じ使い方ができるわけで、コストパフォーマンスは驚異的だと言えます。

両翼には、片側に3基ずつ、合計6基の「懸架パイロン」（吊り下げ式の支柱）があります。

各パイロンには、2発のミサイルを装着できるため、最大12発のミサイルを搭載できます。

■「軍事用ドローン」のこれから

プレデターのような軍事用の「UAV」は、登場と同時に一種の完成形を見てしまった感があります。

そのような中で注目を集めているのは、はるかに小型軽量で、ローコストなドローンを大量投入する、という戦術です。

＊

アメリカ海軍研究局（ONR）が公開した「LOCUST」（イナゴ）構想は、「Low-Cost UAV Swarming Technology」の略。

小型軽量の「使い捨てドローン」を、戦闘空域に数百機単位で投入して、索敵、ミサイル誘導、など複数の機能を担わせるものです。

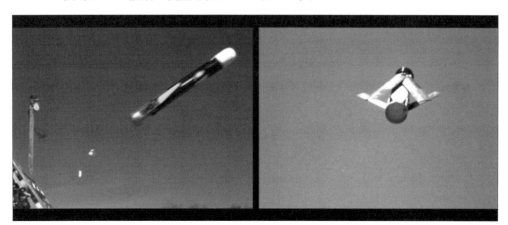

小型UAVを大量投入する「LOCUST」構想

この「LOCUST」における個々の「UAV」は、重量約6kgとされていますが、はるかに小型のものも開発されています。

*

同じくアメリカ海軍が開発を進める「CICADA」（セミ）は、「Close-in Covert Autonomous Disposable Aircraft」の略で、10個の部品で作られている、紙飛行機のような「使い捨てドローン」です。

超小型 UAV「CICADA」

もはや「ドローン」とも、「UAV」とも呼べない気もしますが、センサやGPSを備えており、時速70キロの自律的な飛行が可能になっています。

こうした安価な使い捨てドローンが実現しつつあることの背景には、「MEMS」（Micro Electro Mechanical Systems）技術によって各種のセンサが安価で小型になったこと、さらにGPSや無線通信などの機能を統合したSoCも同じく安価で小型に進化したことがあると言えるでしょう。

●群れる威力

2016年8月、オーストリアのゲーム開発チーム「stillalive studios」は、PCをプラットフォームとする3D-CGゲーム、「Drone Swarm」を発表（「Swarm」は、「群れ」という意味）。

ゲームの舞台は宇宙。プレイヤーは3万機を超える「ドローン群」を操作して、攻撃してくる敵を倒します。

もちろん機体を個別に操作するのは不可能ですから、「ドローンの群れ」を操作することになります。

Drone Swarm
http://stillalive-studios.com/portfolio-item/drone-swarm/

　「群れ」は細長い隊列にしたり、平面的な隊列にしたり、さまざまな形状に変化します。

　時には、敵を取り囲むような攻撃も有効でしょう。

　このような「ドローン群」による攻撃は、状況に応じて、自在に隊列を変えられるという大きなメリットがあります。

　また、敵の攻撃を受けて、一部の「ドローン」が失われたとしても、「ドローン群」全体の機能を失うことがないという強みもあります。

　そして、たとえ「ドローン」の数が激減したとしても、残りの機体数に合った作戦に切り替えて対応できます。

＊

　米国防省は、多数の「ドローン」が自律的に編隊飛行を行なう、「軍事用ドローン」の「Perdix（ペルディクス）」を、マサチューセッツ工科大学の協力を得て開発しています。

　「Perdix」は、翼幅 30cm、長さ 16cm、重さ 290g という小さな「ドローン」。

　一般的な 4 つ以上のローターをもつような「ドローン」ではなく、機体後方のプロペラ 1 つで推進します。

　形状は「飛行機タイプ」の「ドローン」ですが、尾翼にあたる部分が主翼と同程度の幅をもっているところが特徴的で、最高速度は「112km/h」で、約 20 分の飛行が可能です。

Perdix

　「Perdix」のコンセプトは、群れることによって、より大きな役割を果たすこと。
　これは、ゲームの「Drone Swarm」と同様です。
　1機の攻撃力が小さくても、多数の「ドローン」が1つの目的に向かって連携すると、相手にとっては驚異的な存在になります。

　たとえば、1人の人間が1羽の小鳥に襲われたら、手で追い払うことができます。
　では、1000羽の小鳥に一斉に襲われたらどうなるでしょうか。
　その場合には、死に至る場合もあるでしょう。
　「小型ドローン」でも、それと同様の状況を起こすことが可能です。

＊

　2016年10月、米国防省は、飛行中の戦闘機から103機の「Perdix」を射出するという実験を行ないました。

　編隊を組む多数の「Perdix」には、リーダーとなる機体は存在しません。
　また、あらかじめ飛行経路がインプットされているわけでもありません。
　各機が相互連携し、自律的に判断して隊列を自在に変えながら飛行します。

　1つの集団が複数の集団に分かれることもできますし、離れた位置にいる機体が、集団に加わったりすることもできます。
　そして、集団から一部の機体が失われたとしても、「群れ」としての機能は維持できます。

　米国防省は次の課題として、1000機以上の「Perdix」を自律飛行させることを目論んでいます。
　そして、「MQ-9」の役割の一部を「Perdix」で行なうことを目指して、研究開発を続けています。

■「軍事用ドローン」による未来の戦術は

　あくまでも想像ですが、これらのドローンが実現する未来の戦術を考えてみたいと思います。

● 自律的に機動することの倫理

　現在、一応軍人が遠隔操縦する「UAV」による攻撃でさえも、交戦規定に違反していないのか、また倫理的にどうなのか、といった議論があります。

　「自動運転」の問題とも関連しますが、人が死ぬ、財やサービスが損なわれる、といった被害は、軍事においては直接的な事柄です。
　どこまでが人間の意思による行動、攻撃なのか、という問題を考えると、現在世界中の軍に配備されている、赤外線などによる「自動追尾ミサイル」にも青信号が点滅してきます。

　実際、ミサイルの機動能力を「UAV」並みに高めることは、可能性として不可能ではないでしょう。
　その場合、カメラの映像を人工知能で解析して、ターゲットを人間同様の識別能力で追尾すれば、巡航能力が尽きるまで、追尾し続けるようなミサイルが登場することも考えられます。

　いったんターゲットを設定すれば、当たるまで追尾し続ける兵器を発射することが、正当な戦闘行為なのかどうか、人工知能の急速な発展を背景にして、考えるべき時代がきているように思えます。

●「マルチコプター」の戦闘能力

　「軍事用マルチコプター」のような「ドローン」については、情報があまりありません。
　これは戦闘状況における攻撃機としては、「マルチコプター」は有用ではないからでしょう。
（ただし、先述した「偵察機」の用途には用いられている）。

　少し考えてみると、「ドローン」の撃墜には倫理的な問題が一切ないため、先に挙げた「CICADA」のような超小型の「ドローン」を用いて、容赦なく撃墜を仕掛けた場合、速度に劣る「マルチコプター」など、一瞬で全滅してしまうに違いありません。
　つまり、戦闘機の優劣を決める要素となっている速度と機動性能が、「ドローン」においても問われる状況では、「マルチコプター」は後手に回ってしまうことになります。

●ロジスティックの激変

「軍事用ドローン」の特徴は、撃墜されても人が死なないという点に尽きるでしょう。

補給線が絶たれたことが原因となった戦闘は、過去の大戦を振り返れば枚挙に暇がありません。

ところが、「ドローン」を用いた輸送であれば、複数のルートで同一物資を分散させて輸送して、極端に言えば「1000のうち1つが届けばOK」という、ロジスティックの冗長化が可能になります。

このことは「自動運転」についても同じであり、悪路を走破可能な車両を自動運転させて物資を輸送すれば、従来なら危険すぎて輸送ルートとして成立しなかった道も使うことができます。

さらには貨物船も自動運転するようになると、同様にルートの冗長化が可能になります。

問題は、物資は無限ではないという点と、補給用の「ドローン」は重量やその性格を鑑みると、「攻撃用ドローン」を大量投入されると簡単に全滅しかねない点です。

「ドローンVSドローン」の戦闘には倫理がほとんど介在しませんから、物量と装備性能に勝る側の勝利が早期に確定しやすくなりそうです。

●人間はどこに必要なのか

実際問題、アメリカ軍は2023年までに、すべての攻撃機の1/3を「UAV」に置き換えることを想定しているようです。

これは、戦争という紛争解決手段自体が、人工知能の進化に伴って、無意味化しつつあるのかもしれません。

チェスに続いて将棋においても、人工知能の前に敗れつつある人間は、戦術、戦略のどの段階においても、コンピュータに頼ったほうがよい結果が得られる、という時代が目の前にきています。

人工知能の立案した作戦を、自動操縦の戦闘機、戦車、戦艦にプログラミングする時代になれば、その間で人間は、その作戦について、感想を言うだけの存在になります。

それを突き詰めていくと、戦争を検討する各国、および軍事集団が、互いの戦略を、構成なる第3者機関に申告し、それに基づくシミュレーションで勝敗を決すればすむ、というSFチックな妄想すら浮かんできそうです。

高橋　伸太郎（たかはし・しんたろう）
慶應義塾大学政策・メディア研究科 特任講師。
日本 UAS 産業振興協議会（JUIDA）公共政策担当ディレクター。Drone Fund Senior Policy Advisor。
「ドローン産業」分野において、法制度・ルール形成、教育プログラム、災害対応の分野を中心に研究活動を推進。
【3-1 節を解説】

本間　一（ほんま・はじめ）
フリーライター。
得意分野は、「マルチメディア系」「デジタルビデオ編集」「ソフトウェアの運用」など。
趣味は、「DTM」「サッカー観戦」「ビリヤード」。
【3-2 節を解説】

artanga
栃木県生まれ。
1990 年代初頭から黎明期の CG 業界で、オペレーター兼アーティストとして、3D-CG からノンリニア編集まで、映画やテレビの映像製作を幅広く担当。
2000 年を機に、ブルーカラー化の進行する CG を辞め、現在の本職はコピーライター。
【3-2 節　「殺人無人機「キラー・ドローン」」の一部内容、「「軍事用ドローン」のこれから」」「「軍事用ドローン」による未来の戦術は」を解説】

第4章

「趣味」で使われる「ドローン」

　いままでは「産業」で使われることが多かった「ドローン」ですが、最近では個人で所有して使える「ドローン」も増えてきています。
　このような「ドローン」は、単にラジコンのように飛ばして遊ぶのはもちろん、空から映像を撮影したり、レースのようなスポーツにも利用されています。
　この章では、ドローンを使った「空撮」と「レース」について解説します。

岩本　守弘
渡邊　槙太郎

4.1　「ドローン」で始める「空撮」

「ドローンでやりたいこと」というと、最初に上げられるのが「空撮」でしょう。
ここでは「ドローン」での「空撮」の方法と、その注意事項について解説します。

■「空撮」を取り巻く状況

日進月歩で広がる「ドローン」の活躍エリア。
その中で最も身近で進んでいるのが、「空撮」ではないでしょうか。

「ドローン」の機動力を生かしたその映像は、すでにTV番組やCMでも、当たり前に見掛けるようになりました。

現在売れている「ドローン」の大半は「空撮」をメインに考えられ、新しい機体が発売されるごとに、撮影、安全両面で目に見えて進化しています。
撮影できる映像も、大きさに依存しない高精細さで、「ホビー」から「映画」まで広がりを見せています。

また「セルフィ・ドローン」なる、手のひらサイズで安全度を高め、「自撮り」をメインに作られた新しい種類の機体も登場しました。
もう記念の集合写真で、映らないカメラ担当で悩まなくてもいい世界が、すぐそこまでやってきています。

■「空撮」の楽しさ

「空撮のいちばんの楽しさは何か？」と尋ねられたら、「日常の再発見」と私は答えます。
身近な景色をわずか5m上空から見るだけで、別の景色になります。

「鳥の目線」という言葉をよく聞きますが、本当にそんな感じで、どんな風景も新鮮に見えます。
さまざまな観光地での撮影も行ないましたが、「ドローン空撮」をいちばん驚いてくれるのは、地元の方々でした。

「普段見ている景色がこんなに違って見えるの？」「この角度から見たことない！」
…と言われる経験を何度もしました。

このような角度で見ることはまずないだろう

　メーカー側の努力によって、安定飛行の能力は格段に高くなりました。

　まるで背の高い三脚を使っているように、ブレのない映像が撮影できます。

　実際の撮影では、法令にある「高度150m」を上限として飛行しますが、私が好きなのはもっと低い高度です。
　場合によっては湖の水面スレスレを飛行したりもします。

＊

　実は、「ドローン空撮」の活きるポイントは、その中途半端なリアリティのある高度だと感じています。
　ヘリやセスナでの空撮は、高高度が故に地図のような映像になってしまいます。
　もちろん、そこにも新鮮さと可能性がたくさんあります。

　しかし、「ドローン」からの映像には、手が届きそうな日常感のある距離から、非日常な風景の映像が届くギャップがあります。
　そこが、最大の魅力ではないでしょうか。

　たとえば、

・湖の真ん中から湖畔を見る
・庭から15m上昇させたら海があった
・子供のころに遊んだ森を上から探検してみる

…そんな身近なところから楽しさを感じてみるのは、いかがでしょうか。

■ 空撮を楽しむ準備（ハード編）

　空撮映像を楽しむための「ドローン」選びですが、可能な限り、映像をブレなく安定させる「ジンバル」という機構をもった機体を選んでください。

　値段は数万円からと少し高くなりますが、その価値は充分あります。

カメラの位置をブレなく保つ「ジンバル」機構付きのドローン

　安価な機体には、この機構がない上に、飛行の安定度も低下するため、お世辞にも見やすい映像が撮影できるとは言えません。

　また「セルフィ・ドローン」や「トイ・ドローン」系は、操縦距離が短くなり、撮影できる範囲も狭くなることを考慮に入れてください。

　そして、「並行輸入品」の購入には注意してください。

　同じ機体が少し安く販売されていたりしますが、海外仕様のものは「電波の強さ」や「周波数」が、日本では違法になってしまうものも少なくありません。

　必ず、「技適マーク」が付いていることを確認して購入ください。

＊

最近の「ドローン」は予備のプロペラなど必要なものがセットになっています。

なので、追加で購入すべきものは、ほとんどありません。

DJI 社の機体には、対人対物の賠償保険もついています（登録をお忘れなく）。

　撮影のために揃えたほうがいいものは、「予備のバッテリ」と「データ記録用のメディア」（microSD など）です。

　そして、安全のために、「プロペラ・ガード」と「簡易風速計」をお勧めします。

「プロペラ・ガード」は、接触時の被害を低減する役割と、機体への損傷を和らげる働きもあります。

購入当初の練習時に、調子に乗って即大破はよく聞くので、そうならないためにも、「プロペラ・ガード」を装着しての練習はお勧めです。

プロペラ・ガード

「風速計」は、体感と実際の差を埋めるためにも、ぜひ毎回飛行前に計測し、もし5m以上の風が吹いていたら、飛行中止などの判断にも役立ててください。

風速計

■ 空撮を楽しむ準備 (ヒューマン編)

空撮を楽しむには、「安全に飛行させる」ということが大前提です。

そこにいちばん大切なものは、「人」と「ドローン」の向き合い方になります。

「障害物センサ」「飛行安定装置」など、さまざまな安全対策が施されても、操縦者の「知識不足」「認識不足」「技能不足」で、アッサリと事故につながります。

＊

「知識不足」は、「機体や飛行の仕組み」「法律的な部分」についてです。

　安定して飛行しているのは、操縦者の能力ではなく、機体の能力である事実をしっかり理解することが必要です。

　もちろん、法令遵守のために必要な知識もたくさんあります。

　「認識不足」は、「危険度」に関してです。

　「自動車の運転レベル」での注意が必要と考えていいと思います。

　他の撮影機器で人を傷つけることは滅多にありませんが、「ドローン」では充分にあり得ます。

　「技能不足」は、「練習不足」です。

　そもそも都市部では、「自由に飛ばせる場所がないので、練習の仕方がない！」との声を、非常によく聞きます。

　もちろんそうなのですが、事故と引き換えるわけにはいきません。

　なんとか場所を確保して練習し、技能向上に努めてください。

　私は、練習用の「トイ・ドローン」を購入し、自宅の室内で練習しています。

　「トイ・ドローン」は、安定化装置が少ないぶん、安定して飛行させることがとてもいい練習になります。

＊

　あれこれ厳しいことを書きましたが、すべては空撮を楽しんでもらうためです。

　人が行けない場所に行けることが、「ドローン空撮」の最大のメリットです。

　しかも、ヘリにも行けない場所や近づけない場所に、本当に鳥の目線で撮影が可能です。

　そこで行なう撮影は発見であり、その場所の"新しい魅力"を見つける探検だと言えるでしょう。

フォトジェニックな動画も撮れる

■ 手軽さと安全

「ドローンに手軽さが増える」ことは、「人との距離が近くなる」と考えることができます。

特に前述の「セルフィ・ドローン」は、これまでの「ドローン」では考えられないほどの至近距離で、人の周りを飛行します。

メーカーも安全には充分配慮し開発していますが、高速回転するプロペラがある以上、細心の注意を怠るわけにはいきません。

サイズの小さい「トイ・ドローン」も、おもちゃに思えますが、プロペラが目に入れば失明の危険もあります。

＊

実は「ドローン空撮」、特に「DJI Phantom」辺りの小さめの機体は、飛行から撮影まで、すべてのことを一人で行なわなければならず、非常に難易度が高いです。

ザッと挙げるだけでも、「操縦」「映像の確認」「カメラの調整」「録画のスタート/ストップ」「安全の確認」などの作業があります。

ここで大切なことは、「撮りたい映像」と「状況」「自身の技術」を比較して、「できない飛行はしない。できる範囲で最大限の撮影をする」です。

技術が必要になる撮影もあります。

その中身に能力が追いついてなければ、諦める勇気も必要です。

そして技術を高めて、再チャレンジしましょう。

私自身の経験として、事故は無理をしたときに起こっています。

＊

「ドローン」（無人航空機）に対する国交相の基本的な考えは、「人や物に危害・損害を与えない」です。

そして、危険度を下げるいちばんの手立ては、「人や物の周囲を飛行しない」ことです。

私が撮影する際も、状況に応じて「プロペラ・ガード」を装着したり、人が少ない時間を選んだりします。

場合によっては、逆再生を使うことで安全を確保したりもします。

プロは安全を第一に考えます。

＊

「ドローン」が身近になればなるほど、危険が増える可能性が高まるという事実も、しっかり理解し、ユーザーとメーカーがともに進化をしていく必要があります。

「安全」→「良い撮影」→「技術向上」このサイクルを構築し、素晴らしい風景を発信してください。

4.2 「ドローン・レース」のはじめ方

■「ドローン・レース」とは

「趣味のドローン」として、「空撮」の次に話題になるのが「ドローン・レース」。

海外もさることながら、日本でも「ドローン・レース」を見る機会が多くなってきました。

ここでは、どうすれば「ドローン・レース」に参加できるか、見ていきましょう。

*

「ドローン・レース」は、フラッグやゲートなどを障害物として、それらをかわしながら、スタートからゴールまでのタイムや順位を競い合う競技です。

レースとはいえ、いまのところ賞金が何千万円もでるわけではなく、まだそれだけで生活できるプロが存在する分野でもありません。

そのため、入門者でも気軽に参加できる競技です。

「レース用ドローン」の例

●「ドローン・レース」の種類

「ドローン・レース」は、主に「目視レース」と「FPVレース」（First Person View：一人称視点）に分類されます。

●目視レース

「ドローン」を直接自分の目で見て操縦し、レースする方法。

「目視レース」では「FPVレース」と比べ、障害物と操縦する「ドローン」との距離感を認識するのは難しいので、簡単なコースを使う場合が多く見られます。

●FPVレース

「FPVレース」とは、**第2章**でも紹介した「FPVドローン」を使ったもので、「ドローン」に搭載されたカメラの映像を電波で飛ばし、モニタで受信した映像を見ながら操縦し、レースする方法です。

「ドローン」に乗り込んだような目線で操縦ができるので、障害物が分かりやすく、複雑なコースを飛行することが可能です。

操縦者の見る映像、ゲートをくぐるところ
（ドローン・レーサー高梨さん提供）

● その他の競技

レースだけでなく、団体によってさまざまな競技が行なわれています。
特に「フリー・スタイル」という競技も注目されています。

「フリー・スタイル」は、ドローンを自由に飛ばし、飛行技術を競い合う競技。
迫力や技術が重視されるので、見ていても楽しい競技のひとつです。

■ レースに必要な「ドローン」「購入先」「資格」

「ドローン・レース」には各団体の決めたレギュレーションに合っていれば、どんな「ドローン」でも参加可能です。
では、実際どのような「ドローン」が使われ、どんな資格が必要なのでしょうか。

「ドローン・レース」は、クラッシュ（衝突）する率が非常に高くなります。
空撮用の「ドローン」でも参加は可能ですが、ほとんどの場合、クラッシュに耐えられません。
そこで、ほとんどの場合、小型で比較的丈夫な「ドローン」が使われます。

● 既製品ドローン（主に目視レース用ドローン）

「既製品ドローン」は Amazon などの大手通販サイトでも買うことができます。
電波を出す商品を扱うには、「技適」に通ったものを使わなければいけませんが、技適の通っていない商品も多く出回っています。
「国内正規品」や「技適認証済」などの記載がない場合は、手を出さないのが無難です。

例を挙げると、「ジーフォース」の扱う商品はすべて「技適」が通っているので、安心です。

ジーフォースの「COCOON」（コクーン）
http://amzn.to/2vlzArF

● 自作品ドローン（目視でも FPV でも活躍するドローン）

「自作品ドローン」は、初めは作るのも大変です。

どのように作ったらいいのか、どこで買ったらいいのかも分からない人も多いでしょう。

そのような方には、手前味噌ですが、「自作情報」と「通販サイト」が一緒になった筆者のサイト、「おとなラジコン」（http://otonaradicon.com/）が参考になると思います。

自作型レース用ドローン、ゴーグル型モニタ、プロポ
http://otonaradicon.com

■「ドローン・レース」に必要な資格

● 目視レース

「ドローン」が目視できるようなレースでは、免許は特に必要はありません。

● FPV レース

「FPV レース」では、ほとんどの「ドローン」で、「アマチュア無線技士 4 級」以上が必要になります。

これは、遅延のないアナログ信号の強い電波が必要なためです。

【参考】公益財団法人日本無線協会 第三級及び第四級アマチュア無線技士国家試験案内

http://www.nichimu.or.jp/kshiken/pdf/ama3-4.pdf

また、「無線局」を開局する必要もあります。

こちらについては、「インターネット申請」が非常に便利です。

「おとなラジコン」のサイトにも、インターネット申請のやり方が書いてあります。

【参考】「おとなラジコン」FPV をするための「無線局開局電子申請」（新規）

http://otonaradicon.com/electronic-submission-fpv/

■「ドローン・レース」に参加、もっていくもの

では、さっそく申し込んで「ドローン・レース」の準備をしましょう。

*

「ドローン・レース」を行なう団体はいくつかありますが、入門者が参加しやすいレースやレースに限らずイベントを行なっている、一般社団法人「日本ドローンレース協会」（JDRA）を紹介します。

●一般社団法人「日本ドローンレース協会」（JDRA）

2015 年 2 月に設立され、日本国内・国外で「ドローン・レース」の開催、協力を行ない、オリンピック競技を視野に入れ、21 世紀のプロスポーツとして「ドローン・レース」を普及している団体です。

アマチュア層への普及のため、入門者向けのさまざまなイベントも開催しています。

「JDRA」のページ
https://www.jdra.or.jp/

●申し込みをする

「JDRA」のページを見ると、ページ中段あたりに「EVENTS」の項目があります。こちらが、近日行なわれる予定のイベント一覧です。

この一覧から、気になるイベントのページを開くと、応募方法が記載されているので、そちらを参考に申し込んでください。

●「ドローン・レース」に持っていくもの

「目視レース」の場合は、

・ドローン
・プロポ（コントローラ）
・バッテリ
・予備プロペラ
・その他予備パーツ
・充電器
・電源タップ

などが必要になります。

「FPVレース」の場合は、「目視レース」で必要なものに加えて、「モニタ」が必要になります。

また、「録画用アクションカメラ」が必要な場合も多々あります。

＊

「ドローン・レース」に興味をもっていただけたでしょうか。

参加したいけどまだ、よく分からないという人は、まずは見学だけでもしてみるといいと思います。

世界中で「ドローン・レース」は行なわれている

岩本　守弘（いわもと・もりひろ）

「空撮協力 空 color」代表。
大阪、京都、神戸、奈良などの関西エリアを中心に、「マルチコプター」を用いた航空写真、
空撮動画の受託や販売、空撮動画の編集、BGM 作曲や効果音等のサウンド制作などを手がけ
ている。
http://sora-color.jp/
【4-1 節を解説】

渡邊　槙太郎（わたなべ・しんたろう）

ドローン情報＆通販サイト「おとなラジコン」を運営。
ドローンに関する記事も多数寄稿している。
http://otonaradicon.com/
【4-2 節を解説】

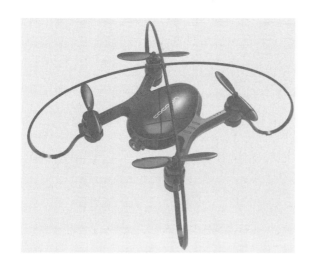

第5章

「手乗りドローン」を作る

この章では、手のひらに乗るくらいの「小型ドローン」を、実際に作った製作記を紹介します。
　実際の製作での「失敗談」や、製作に使えるちょっとした「テクニック」も解説しています。

おかたけ

5.1 「ドローン」の設計

■ 基本設計

まずは「基本設計」をしないといけません。

難しく感じるかもしれませんが、簡単に言うと、「サイズと重量はどのくらい位にする？」ということです。

今回、製作する機体のコンセプトは、

小さく運べて、そこそこ遊べる、室内用の機体

です。

*

ある程度は余裕があったほうがいいので、モータは「8.5mm×20mm」と少し大きめのサイズにし、ローター（プロペラ）は「66mm径」のものを選びました。

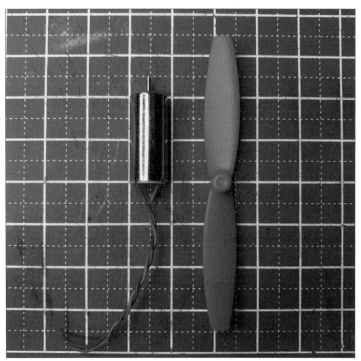

「モータ」と「ローター」

この組み合わせの場合、「推力」（持ち上げる力）は、だいたい「30g/基」程度らしいです。4つ使った場合は、全体で「120g」程度になります。

機体重量をだいたい「推力」の半分ぐらいにすると、いろいろなことができるので、目標の完成重量は「60g」程度とします。

また、ローターの直径は「66mm」を採用したので、プロペラ間隔は「約1.5倍」あたり（100mm）からが適正値となります。

「モータ」「プロペラ」の概要と、基本設計

モータ	8.5mm×20mm (4.9g)
プロペラ	66mm (0.35g)
モータ間隔	100mm
モータ対角間隔	142mm
目標重量	65g

■ OpenSCAD

だいたいの値が決まったので、どのような形になるのかを決めていきます。

＊

ここで役立つのが「OpenSCAD」(http://www.openscad.org) です。

「OpenSCAD」はオープンソースで開発されているソフトで、特徴を簡単に言うと、「オブジェクトがテキストで出来ている」ことです。

「数値」でオブジェクトが書かれているため、数式パラメータ1つの変更で、全体のサイズを変えることができます。

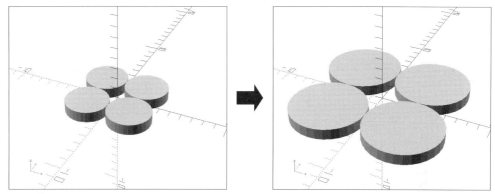

「OpenSCAD」を使うと、パラメータを変更するだけで、サイズなどを変えることができる

■ 機体の設計

では、実際の形にしていきますが、今回はさらに「折りたたみできる機体」という条件をつけます。

「基本設計」のところで考えた値を参考にして…、試行錯誤の結果、形状を出してみたのが下の形。

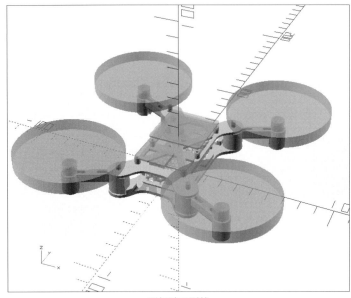

飛行時の形状

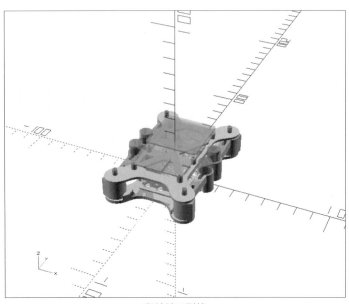

収納時の形状

中央部分に、次のような「バッテリ」を入れることを想定して、設計してみました。

想定するバッテリ

バッテリのサイズ	43㎜× 24㎜× 9㎜
容量	750mAh(3.7V)

中央の基板やバッテリを乗せる部分をコンパクトにまとめていたら、モータ間隔が「97㎜」になってしまい、先ほど挙げた想定と、さっそく違いが…。

5.2 「ボディ」と「制御系」の検討

■「フレーム」を作る

まず、前節で設計した「フレーム」を、実際の形にしていくところから始めます。
「フレーム」のサイズは、最終的には次のようになりました。

「フレーム」のサイズ

モータ間隔	97mm
モータ対角長	138mm※
フレーム長	76mm
フレーム幅	35mm

※ 折りたたみ機構（シャフトは3mm径－角度26度/軸間距離29mm）。

せっかくなので、いろいろな素材でプリントして、「重さ」を量ってみました。
左側から、「ナイロン焼結」「カーボン」「ABS」「ナイロン」。
そして、上側は「光造形レジン」です。

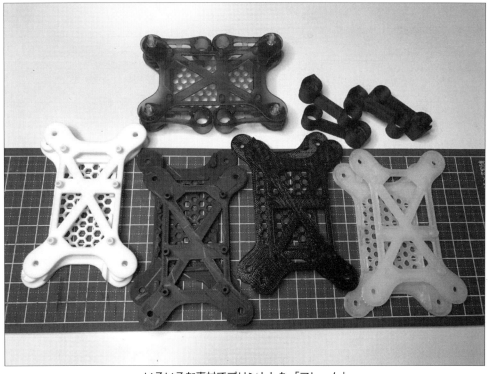

いろいろな素材でプリントした「フレーム」

測定結果は次の通り。

測定結果

ナイロン（焼結）	10.57g
カーボン	14.44g
ABS	9.85g
ナイロン	11.79g
レジン	10.68g

何気に、「カーボン」がいちばん重くなる結果になりました。

「ABS」が優秀ですが、次点の「ナイロン（焼結）」も捨てがたい…。

■ 組み立ててみる

だいたいの主要パーツを集めたら形にして、おかしな部分がないか検討してみます。

「フレーム」一式に、「モータ」と「プロペラ」を組み合わせて重量を計った様子が、次の写真です。

コントローラなしで「約40.46g」となりました。

パーツを組み合わせて、重さを測定

ちょっと重いような気がするので、もう少しフレーム形状を見直して軽くしたいです。

■「制御系」を考える

「フレーム」は、ある程度形になったので、次に「制御系」を考えていきます。

実際には、オリジナル制作の小型の「FC」（フライト・コントローラ）があるので、そちらを使うことを想定。

オリジナルの「FC」

モジュール構造のコントローラで、サイズは「35mm×35mm」、重さはSDカード込みで「約5g」程度。

単体で「Lipo 1-3Cell」の電圧変換ができるところが特徴です。

＊

この「FC」を使って、出力側だけ作ればいいかなと思っていたのですが、そう簡単にはいかないことが分かりました。

通常は「FC」からの出力は「ESC」（モータ・コントローラ）が受けて「モータ」を動かします。

そのため、出力は「サーボ信号」と呼ばれる信号で、コントロールされます。

しかし、この「サーボ信号」がフルパワー時に100%出力になりません。どうしたものか…。

5.3 「利用するマイコン」と「変換基板の設計」

■「サーボ信号」を変換する

「サーボ信号」がフルパワー時でも100%にならない問題をなんとかしないと、モータが回りません。

改修には、コントローラ側から出力する「サーボ信号」を、

サーボ信号 → PWM信号

に変更するのが、いちばん簡単そうに見えます。

しかし、作業が面倒なので、「Tyny10」というマイコンを使って、力業で改修します。

*

「Tyny10」は、3mm角の非常に小さなAVRです。

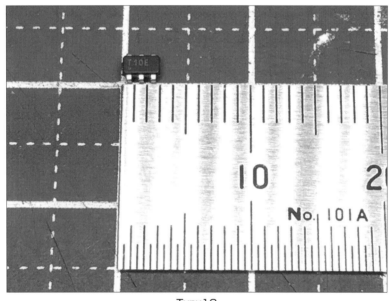

Tyny10

6ピンICで、使えるピンは通常3本、今回は「入力1/出力1」で充分です。

なお、応用すれば、「赤外線リモコンの信号」を「モータ信号」に変換することも、簡単にできます。

この場合は、「赤外線入力1」に「モータ2出力」にすれば、ラジコンっぽいものが作れます。

*

次の写真のような感じで、テストします。

結果としては問題なく動作できたので、ここでは外付けで「サーボ信号」を変換することにしました。

「Tyny10」を使ったテスト風景

■ 出力系の回路設計

　前節で紹介した「FC」（フライト・コントローラ）は、出力側が「専用コネクタ」
になっています。
　そのため、「変換基板」を作ってモータなどの出力を引き出さないと使えません。
　この「変換基板」に欲しいものを、具体的に挙げてみます。

・モータ出力 (PPM → PWM)
・テスト用のシリアル
・テスト用の2C
・バッテリ入力（電流量）
・アラーム（できれば）
・内蔵GPS

　また、基板サイズは「35mm×55mm」に納めたいです。
*
　ここまで考えたところで、「出力基板」を設計していきます。
　基板設計のやり方にはいろいろな方法がありますが、私は基本的に、まず「全部入
り」を作って、必要ない部分を省く——という方法で設計することが多いです。
　これは、最小構成の基板を設計してしまうと、あとで機能を追加したくなったとき、
設計をやり直さなくてはならないからです。

■ 基板設計

　回路設計を「全部入り」で終わらせたら、実際に基板を設計（アートワーク）します。
　設計の初期段階は、次のような感じ。

少し分かりづらいですが、中央が納めたい基板のサイズ、左右が納めたい部品類になります。

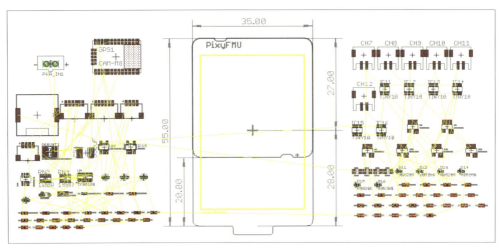

基板の初期設計

基板内に収めたのが、次の図です。

とうてい収まらないように見えても、だいたい収まるのが不思議なところですね。

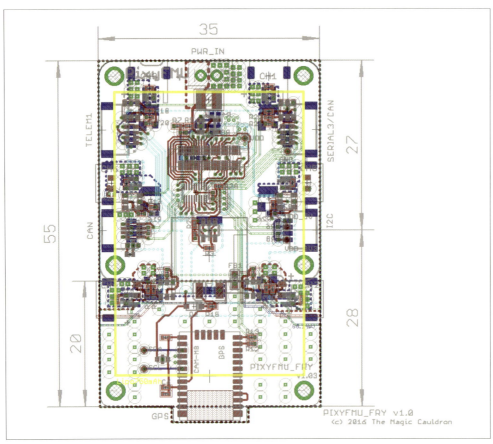

基板の完成図

5.4 基板へのパーツ実装

■ 海外で基板を作る

設計した基板は、「Elecrow」という、海外の基板業者に製造してもらいました。

海外の業者もいろいろとありますが、ほとんどのところはネット上からの注文のみで、質問されることもなく、基板が届くようになってきました（要するに、昔はヒドかったけど、最近マトモに）。

*

はじめて注文するときには、面付けなどの難しいことは考えないで、1面に1種類で注文することをお勧めします。

だいたいの製造期間ですが、「1or2層の基板」は、月曜日の朝注文した場合、金曜の昼間または土曜日に到着します。

「4層の基板」の場合は、翌週の水曜日から金曜日。

「6層」になると、工場と担当者によりますが金曜日から日曜日ぐらいです。

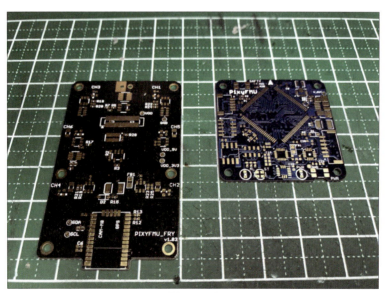

製造した基板

■ 基板に載せるパーツ

今回の基板は、軽量化とサイズ優先で設計しているので、手実装で考えた場合には、かなり小さい部類です。

チップサイズは一般的（？）な「1608サイズ」ではなく、「1005サイズ」で設計しています。

*

この基板の中でいちばん面倒なのが、青色と黄色の基板間を接続しているコネクタです。

インテルの「Edison」などにも採用されている「DF40」と呼ばれるタイプです。

次の図の左下にあるのは、比較用の爪楊枝です。
つまようじの先から並んでいるのが、コネクタ用のパッドになります。

パッド間の間隔は「0.4㎜」

■ 小さいパーツの実装方法

　小さいパーツの実装は、「ルーペ」や「実体顕微鏡」を使うなどの方法があります。
　しかし、いろいろと試行錯誤した結果、以下のものを使えば、非常に簡単に実装できました。

・ペーストハンダ
・液体フラックス
・先の細いタイプのハンダごて
・スマートフォン
・スマホ固定用のバイス（今回使っているのは、「PanaVise 209-Vacuum Base」）

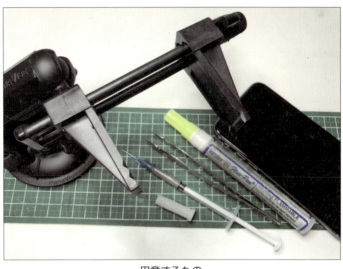

用意するもの

　やり方は非常に簡単で、バイスで固定したスマートフォンをカメラモードにして拡大。

　これだけで、かなり大きく見えるようになります。

　高価な実体顕微鏡を使わなくても、かなり見やすく実装できるようになるので、お勧めです。

　少し高いのですが、机に吸着できるタイプのバイスを使ったほうが、安定性は高くなります。

真上から見た様子

横から見た様子

　「液体フラックス」のお勧めは「Kester 951」、または「2331-ZX」。
ケチらず、多めに塗って、ハンタづけするのがコツです。

5.5 機体の組み立て

■ パーツを組み立てる

前節は、ハンダ付けのコツだけで話が終わってしまったので、ここからいろいろと作ったり集めたりしたパーツを紹介しながら、組み立てていきたいと思います。

*

次の写真が、前節でハンダ付けしていた基板です。

部品が載ると、本当に動くのかというところも含めて楽しみです。

完成した基板

せっかくなので、重さを量ったところ、下記の結果になりました。

なんとか予想の範囲内です。

制御基板単体の重量

コントローラ（右側）	5.08g
モータ制御（左側）	7.05g

フレーム重量（組み立てずみ）

フレーム＋モータ＋プロペラ＋RC受信機＆ねじ類	42.98g

組み立てずみの「フレーム」の重さ

　フレームが、予想よりも少し重い気がします。
　そして、すべてを合体させて、「約20g」のバッテリを付けての全体重量を量ってみると、約74gという結果に。

「手乗りドローン」の総重量

　目標の重量は「65g」だったはずなので、「9gオーバー」の結果になってしまいました。
　どこがプラス重量になったか考えると、3Dプリントしたフレームが「+3g」で、モータ制御基板が「+2g」。

　あとは、RC 受信機「2g」を想定に入れていなかったこと、残り「2g」は、ねじ類と接着剤で増えたと思われます。

■ そして、考慮が漏れる

　ちょっと重かった部分は、後々改良していくとして、気を取り直して接続確認をしていきます。

　しかし、ここでアクシデントが。
　ファームウェアを書き込んだりするのに「USB」を使うのですが、コネクタがプロペラに干渉してしまうことが判明…。
　プロペラを回しながらジャイロなどの振動について調整をするのですが、これでは調整できません。

「USB」がプロペラに干渉している

＊

　いろいろと考えながらジャンク箱を探検していたら、「シリアル変換モジュール」を発見。
　「変換モジュール＋空きポート」を使って接続することを思いつきました。

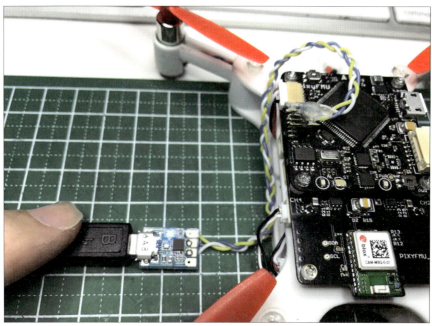

「シリアル変換モジュール」で解決

　ちなみに、今回使っているファームウェアは、「Ardupilot」をベースに変更をしたものになります。

5.6 | 機体の調整

■ 基本的な調整

　今回の機体には、「Ardupilot」と言う、オープンソースで開発されているプログラムを拡張して利用しています。

　なので、設定には「MissionPlanner」という GUI を使います。

MissionPlanner

　まずは、「ジャイロ」のキャリブレーションです。
　「水平→左→右→前→後→裏返し」の順番で機体を動かしながら、GUIで操作します。

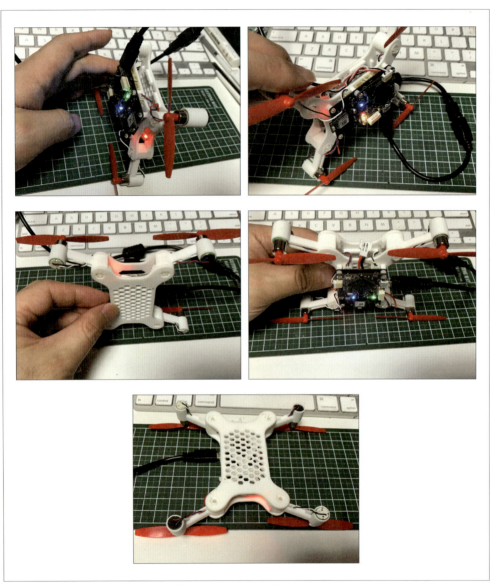

「ジャイロ」のキャリブレーション

　大きい機体ならケーブルだけ注意すればいいのですが、小さい機体はうまくいかないことがあったりして、ちょっとコツが要ります。

　通常であれば、「地磁気」（コンパス）の設定するのですが、「モータ・ドライバ」を真下に入れたのが原因で、「コンパス」の値が不正値として扱われてしまうことが判明。

今回は「コンパス」自体を使わないことにして、先に進みます。
後は、「プロポ」を設定すれば、とりあえず初期設定は終了。

初期設定をおおざっぱに終わらせて、モータを回してみました。

「ジャイロ」のキャリブレーション

「問題なし」ならいいのですが、根本的な問題がもう判明。
　この状態（机に置いた状態）で出力上げると、データ上では機体が"宙返り"しています。
　「モータ電流」が何らかの形で干渉して、ジャイロに影響している模様です。

　可能性があるのは、電流と電圧を検知している回路と思ったので、外してみたのですが、変わらず。
　もしかして、ここにきて、出力側のボードを設計変更しないといけない…？

■ 出力基板再設計

いろいろと試行錯誤したところ、以下のようなことが分かりました。

・単体テスト：問題なし
・＋出力基板（モータなし）：問題なし
・モータ×４：問題あり
・前方のモータ×２：問題なし
・後方のモータ×２：問題あり

後方に流れる電流が、何らかの形で悪さをしているようです。

電流を確保したくてパターンを広く取ったのが、悪手となった感じです。

上記の結果を踏まえて、泣く泣く設計変更します。

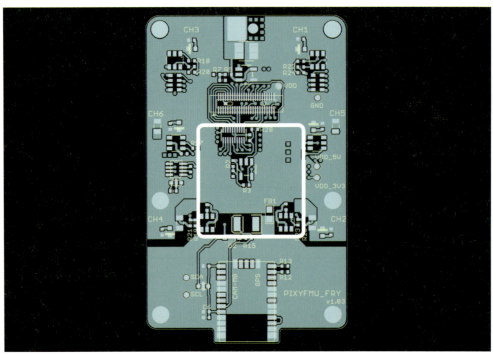

修正前

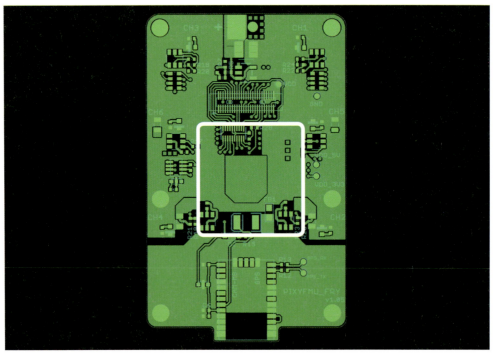

修正後

四角の部分を変更、ちょうどジャイロの真下部分になります。

この基板が出来たら、もう一度実装からやり直して、テストです。
ジャイロがここまで干渉受けるとは思っていなかったことが敗因でしょう。

5.7　新しい基板の実装

■ 基板を注文したが…

基板は海外の業者に注文しており、今回の基板は「4層基板」なので、2週間あれば届きます。

しかし、これが少し遅れて、届くのに3週間以上かってしまいました。

たまにこういったこともあり、手痛いタイムロスです。

新しく設計した基板

■ 実装準備

「クリーム半田」使って実装するのですが、これは時間がたつと乾く性質をもっています。

そのような性質から、塗った後は手早く実装する必要があるので、あらかじめ部品を集めておきます。

いつもは写真のような感じで並べます。奥の皿は「塗料皿」です。

あらかじめ必要な部品をより分けておく

■ クリーム半田を塗る

　軽量化と実装面積を考慮して設計した基板は、「0402 サイズ」（1 × 0.5mm）のチップを使っています。

　別の基板を使って、基板を固定し、「ステンシル」をかぶせます。

基板を固定

そして、次の写真のような感じで、「クリーム半田」を塗布します。

塗布のコツは往復しないで、多めの半田を1回で伸ばすことでしょうか。残りは、捨てる勇気が必要です。

「クリーム半田」を塗布

塗布が終わったら、部品を載せていきます。

少しのズレは勝手に修正されるので、あまり気にしません。

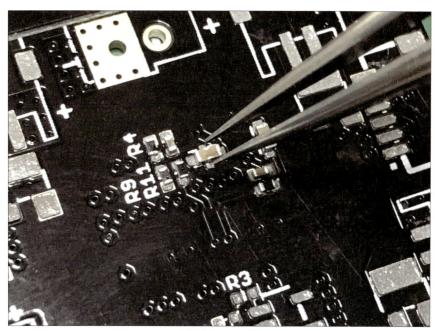

部品を基板に配置

■ 半田を溶かす

「リフロー炉」や「ホットプレート」などを使って、半田付けします。

いろいろと方法は試しましたが、少量なら「クリーム半田」を半田ゴテで、量が多い場合は「リフロー炉」を使うのがやりやすいと感じています。

通常は、「T962」という「リフロー炉」を使っています。

「リフロー炉」を使って半田を溶かす

■ 実装に使う工具など

「ピンセット」は好みがありますが、ストレートで「非磁性鋼」（チタン製）のものが使いやすいです。

鉄製では、チップ部品は軽いために磁化して、チップが離れなくなってしまいますが、チタン製ならそのような心配もありません。

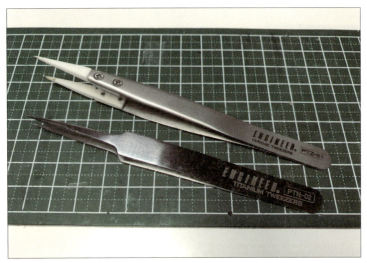

「非磁性鋼」のピンセットがお勧め

5.8 | 基板のテスト、そして…

■ 順調に組み立て

組み立てて、再度モータを回してみます。

新しい基板の動作をチェック

しかし、どうやら問題は解決していない様子。

いろいろと調べた結果、たどり着いた結論は、電流がループしてコイルになっているようです。

下側でパターンをつないだのが悪かったということを考えて、とりあえず、基板をカット。

すると、大幅にノイズが減ったのか、ジャイロは安定するようになりました。

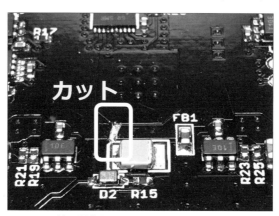

枠の部分をカットすると、安定した

電流が流れないと症状が出ないので、原因を探すのに時間がかかってしまいました。

■ 再度組み立て直し

改めて組み立てて、"三度目の正直"で調整すれば問題ないはず、と思っていたのですが…。

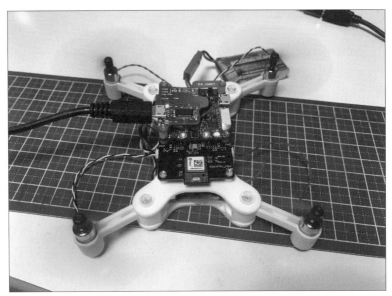

修正後の動作チェック

やっぱりモータ出力を上げると、突発的にジャイロに変な信号が入って裏返ってしまいます。

■ 原因らしい場所は

電流を流すまでは正常に動いていて、電流が流れたときにおかしくなる。
改めて、基板や回路を見直して、さらに見直して…。
その結果、怪しそうなところを発見。

原因箇所？

写真は、基板を裏側から撮ったものですが、黄色の枠の裏側（表面側）にジャイロがあります。

そして、右上には磁化しそうな SD カードスロットがあります。

この辺りが原因になっていそうと当たりを付けます。

■「FC」（フライト・コントローラ）を再設計

安直に、ジャイロ周りに余裕がない設計になっていることが原因の一端である、と結論づけました。

なので、ジャイロ周りに余裕をもたせた上で、下側の SD カードに干渉しないように設計変更です。

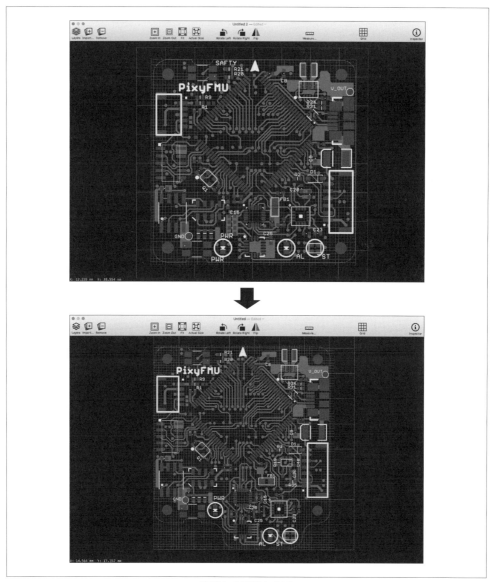

「FC」の設計を変更

下側に基板を伸ばして、センサ類の配置を見直して、再設計してみました。

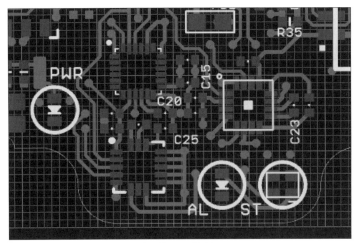

変更箇所の拡大図

ついでに、電源周りも少し変更。はたして、これでうまく飛ぶようになるのか。

5.9　新しいFC基板を試す

■ 基板を実装

以下は、実装ずみの「FC基板」を対比したものです。
左側がいままでのもので、右側が新しい物。
下側に少し出っ張りが出た感じになっています。

「FC」の比較

そして、ここまでは問題がなかったのですが、安心したのも束の間。
ファームウェアの書き込み環境が壊れてしまい、書き込めなくなる事態が発生。

■ ファームの書き込み

犯人は「OS アップデート」か「ウイルス・ソフト」のどちらかだと思いますが、環境を見直すことに。

いろいろとつまずいたので、「Ardupilot」※のコンパイルを行なう際の、ポイントをメモしておきます。

※ オープンソースで公開されている、ドローン制御のためのシステム。

＜エラー＞

```
ImportError: No module named future
```

＜コマンド＞

```
sudo -H pip install lxml future
```
Eclipse でエラーが出ている場合は、コマンドラインから「make make px4-v2」などを実行しないと解決しない。

＜コンパイル用の gcc ＞

「gcc-arm-none-eabi-49/20150925」以上を使わないと、センサ系のエラーが発生して、正常にコンパイルが終了しない。

■ 動作チェック

ようやく書き込みが終わったので、設定する前に「接続書き」にしたところ、なぜか回転を繰り返しています。

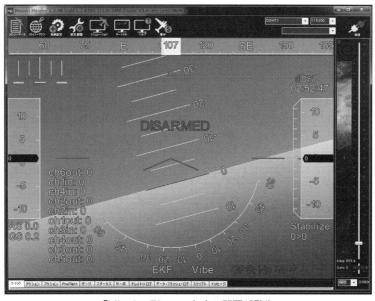

「MissionPlanner」上で問題が発生

　センサ周りは大きく変更したので、どこが問題なのかを探ったところ、「電圧」が
おかしいことに気づきます。

　「コンデンサ」の容量を間違って取り付けていたことが原因だったみたいです。
（こちらを交換して、まだおかしいので「センサ用LDO」も交換）。

＊

　なんとか水平に表示されるようになりました。

　いままで散見された、エラー表示もなくなったみたいです。

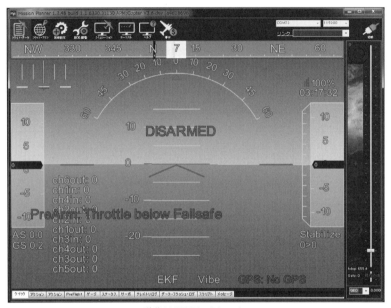

動作は問題なくなった

　このあと、干渉がないかもチェックしましたが、まだいろいろと修正が続きます。

部品同士の干渉も特になし

■「チップ部品」の整理方法

「チップ部品」は細かく、整理が大変だと思っている人も多いと思います。

筆者は、秋月電子通商で販売している「小物収納ケース」(KCB-A) を使っています。

1 個単位で買い足しができ、それぞれを連結することもできるので、お勧めです。

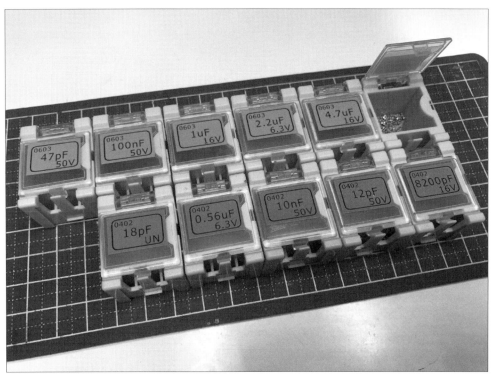

「小物収納ケース」は、チップ類の仕分けに便利

5.10 組み立てとテスト

■ 改めて、確認と調整を

「フライト・コントローラ」で、念願の安定性を手に入れたので、ちゃんと動いているかの確認と、調整をしていきます。

新しい「FC基板」で動作を確認

振動に関しては、結局のところは「モータ」を回してみないと分からないのが実情です。

なので、次の写真のような感じでテストします。

プロペラで手を切らないように注意。

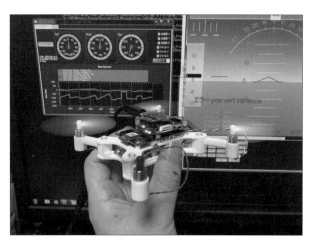

「振動」については、実際に手にとってチェックを行なう

かなり安定しているように見えるのですが、不定期に大きめのノイズが一瞬入ります。

恐らく、「モータ駆動回路」が「FC」の真下にあるのが原因でしょう。

どうやって対策したら解決できるか、頭を悩ませます。

■ 三度、修正

今回発覚した問題は、フルパワーにすると、なぜかあるタイミングで、機体が前後どちらかに90度ほど傾くこと。

前に修正した出力計の基板ですが、さらに修正してみます。

右が変更後の基板で、大きくセンサの下に「GND領域」を作って、ノイズを遮断しようという試みです。

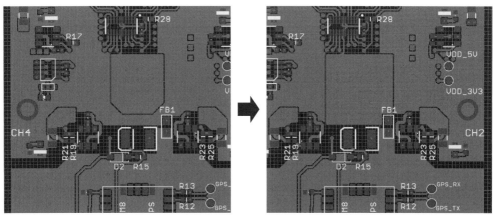

センサの下に「GND領域」を作る

■ 「マルチコプター」の飛行原理

せっかくなので、「マルチコプター」の飛行原理について、簡単に説明します。

一般的な「ヘリコプター」や「飛行機」などとの大きな違いは、基本的に「モータ」以外の可動部分が存在しないことです。

次の図は、一般的な「4ローターのマルチコプター」の図です。

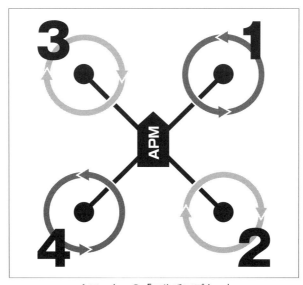

4ローターの「マルチコプター」

　「4ローターのマルチコプター」では、どうやって前進後進や向きを変えているのかというと、次のようにローターの回転数を変化させて、機体に傾きを与えることで移動しています。

・前：1＆3(低速)、2＆4(高速)
・後：2＆4(低速)、1＆3(高速)
・左：3＆4(低速)、1＆2(高速)
・右：1＆2(低速)、3＆4(高速)

　また、「上昇」と「下降」は、すべてのローターを強くするか弱くするかで行ないます。
　そして、矢印の方向（向き）を変えたいときは「反動トルク」を利用します。
　図の「1」と「4」が反時計回り、「3」と「2」が時計回りなので、

・右回転：1＆4(高速)、3＆2(低速)
・左回転：3＆2(高速)、1＆4(低速)

となります。

＊

　「ローター」の数や配置にも、さまざまな形式があります。
　以下に、一例を示しておきます。

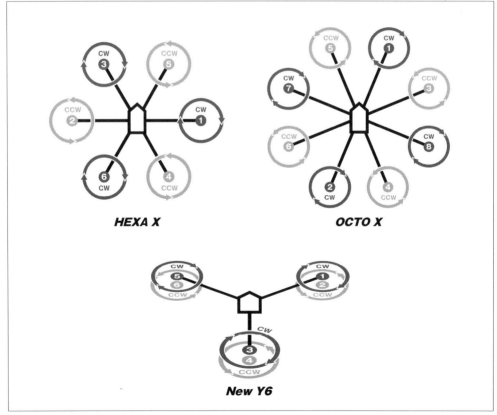

さまざまな「マルチコプター」

5.11 「手乗りドローン」の完成！

■ すべてのパーツが揃う

前回設計した「出力基板」を実装して、組み立てていきます。

「手乗りドローン」に使うパーツの全容

左側から順番に、

・RC レシーバ
・シリアル通信モジュール
・モータ出力ボード
・FC

となります。

長らく作ってきた制御系は、このような基板で構成されています。
特に右2つは何回作り直したことか…いい勉強にはなりました。

＊

次に、「フレーム」と「モータ」です。

完成した「フレーム」

こちらは、それほどいじることもなく。

ほぼ初めに考えた原型に近い形。

もしかすると、モータからの振動の吸収能力が、少し低いかもしれないです。

■ 組み立てと調整

前途のパーツを組み合わせるとこんな形になります。

すべてのパーツを組み合わせたところ

　何度も見てきたこの形、最終的な重量は、バッテリなしの状態で、「約60g」となりました。

　バッテリ込みだと「約80g」、少し重いような気がしますが、これは折りたたみにしたからでしょう。

＊

なかなか上手くいっていなかった調整ですが、今回はすんなりと終了。

やはり、基本となるコンポーネントが安定していれば、あまり問題は起きないのだと痛感してしまいました。

教訓としては、「ノイズ対策は重要」といったところでしょうか。

回り込んだノイズやセンサ周りの取り回しなどが、けっこう勉強になりました。

■ そして完成

結局、一筋縄ではいかず、かなり時間がかかってしまいましたが、ようやく完成。

小さい機体は室内で飛ばせると言うこともあり、面白い教材だと思います。

「手乗りドローン」の完成

作っている最中に考えたことですが、マイコンメーカーがプログラムコード付きで、「検証用のボード」なんかを出してくれると嬉しいかな、と思いました。

現状で最新のマイコンに対応したボードは、プログラムコードがかなり複雑化しているためです。

どの部分がどの動作なのかと言うことや、改変となると敷居が高い。

最低限の機能を使えるボードとコードを、どこかが公開してくれると、いろいろと修正して試したり付け足したりできそうです。

＊

以上を、簡単ですが総評とします。

おかたけ

(株)魔法の大鍋 代表。

電子回路の設計や試作のほか、マルチコプター関連機器の設計や試作、3D プリントに関するデータ作成と機器製作などをてがけている。

http://www.eldhrimnir.com/

索 引

■ 執筆

arutanga
今井　大介
岩本　守弘
おかたけ
勝田　有一朗
高橋　伸太郎
nekosan
本間　一
御池　鮎樹
渡邊　槇太郎

（五十音順）

本書の内容に関するご質問は、
① 返信用の切手を同封した手紙
② 往復はがき
③ FAX (03) 5269-6031
　（返信先の FAX 番号を明記してください）
④ E-mail　editors@kohgakusha.co.jp

のいずれかで、工学社編集部あてにお願いします。
なお、電話によるお問い合わせはご遠慮ください。

サポートページは下記にあります。
【工学社サイト】http://www.kohgakusha.co.jp/

I/O BOOKS

「ドローン」がわかる本

2017 年12月15日　第 1 版第 1 刷発行　ⓒ 2017
2018 年 2 月 5 日　第 1 版第 2 刷発行

編　集　I/O 編集部
発行人　星　正明
発行所　株式会社 工学社
〒160-0004 東京都新宿区四谷 4-28-20　2F
電話　　（03）5269-2041（代）［営業］
　　　　（03）5269-6041（代）［編集］
振替口座　00150-6-22510

※定価はカバーに表示してあります。

［印刷］シナノ印刷（株）

ISBN978-4-7775-2037-4